化学工业出版社"十四五"普通高等教育规划教材

化学实验室安全

陈连清　陈心浩　金士威　主编

化学工业出版社

·北京·

内容简介

《化学实验室安全》主要介绍与实验室相关的化学品、人员、设备、环境、设施、个体防护装备等安全要求，共分7章，内容涵盖化学实验室消防安全，化学实验室危险品储存、使用，化学实验室基本安全操作，化学实验室废弃物的处理，化学实验室安全防护和辐射防护，化学实验室突发情况急救措施。为了满足教学和实验操作需要，章节后配有练习，书后还提供了附录。

《化学实验室安全》可供高等院校化学、应用化学、化工、制药、生物科学与生物工程、食品、环境、材料、医药等专业的学生使用，也可供相关人员参考。

图书在版编目（CIP）数据

化学实验室安全/陈连清，陈心浩，金士威主编. —北京：
化学工业出版社，2023.3（2024.9重印）
ISBN 978-7-122-42779-3

Ⅰ.①化…　Ⅱ.①陈…②陈…③金…　Ⅲ.①化学实验-实验室管理-安全管理　Ⅳ.①O6-37

中国国家版本馆 CIP 数据核字（2023）第 042386 号

责任编辑：李　琰　　　　　　　　　　　文字编辑：刘志茹
责任校对：边　涛　　　　　　　　　　　装帧设计：关　飞

出版发行：化学工业出版社（北京市东城区青年湖南街 13 号　邮政编码 100011）
印　　刷：北京云浩印刷有限责任公司
装　　订：三河市振勇印装有限公司
787mm×1092mm　1/16　印张 12¾　字数 300 千字　2024 年 9 月北京第 1 版第 3 次印刷

购书咨询：010-64518888　　　　　　售后服务：010-64518899
网　　址：http：//www.cip.com.cn
凡购买本书，如有缺损质量问题，本社销售中心负责调换。

定　　价：32.00 元

《化学实验室安全》编写人员名单

主　　编	陈连清	陈心浩	金士威
副 主 编	黄　涛	张丙广	梅　鹏
编写人员	陈连清	陈心浩	金士威
	黄　涛	张丙广	梅　鹏
	张　展	刘　欢	廖声强
	段帅凯	雷金渐	卢燕飞
	李　睿	杨耕涛	

前　言

实验室是高等学校开展人才培养、科学研究和社会服务活动的必备场所。在理工科高等院校的众多实验室内，使用种类繁多的化学药品、易燃易爆物品和剧毒物品，有的实验要在高温高压或者超低温、真空、高电压、高转速、强磁性、微波、辐射等特殊环境下或特殊条件下进行，有的实验中会排放有毒有害物质和放射性物质等。与此同时，高校实验室又具有使用频繁、人员集中且流动性大的特点，且有大量贵重仪器设备和重要技术资料存放在实验室。以上情况表明了高校实验室安全状况的复杂性和加强安全管理的重要性。

进入新世纪以来，随着我国高校办学对外开放力度的加大和学校内部管理体制改革的深入，高校实验室的使用、人员流动和内部的管理产生了许多新情况和新问题，实验室里的事故也不断发生，如火灾事故、中毒事故、伤人事故和环境污染事故等重大实验室安全事故。实验室安全工作的重点是确保师生生命安全，预防各类事故发生。师生应该提高安全意识，自觉遵守实验室各项规章制度；在进入实验室前，学习和掌握实验室安全知识和技能，防止实验事故的发生，保护自身及实验室安全。为此，近年来，国家对高校实验室安全管理也提出了很高的要求，要求牢固树立安全意识，把安全事故消灭于萌芽状态。在化学实验室里，常常潜藏着诸如发生爆炸、着火、中毒、灼伤、割伤等事故的危险性，防止这些事故的发生以及知晓一旦发生事故应该如何处理，是每一个走进化学实验室进行实验的学生及工作者必须了解的知识。

本书主要以化学实验室消防安全，化学实验室危险品储存、使用，化学实验室基本安全操作，化学实验室废弃物的处理，化学实验室安全防护和辐射防护，化学实验室实验事故的防范与应急处理为重点，本着理论与实践、技术与安全相统一的原则，使学生高度重视实验室安全，防患于未然。学生学习完本书后，实验操作将更为规范，安全意识得到提高，并将安全防范落实到日常工作中，必定能够减少实验安全事故，降低实验事故的损失。

本书共分7章，第1章由陈连清、刘欢编写；第2章由陈心浩、廖声强编写；第3章由段帅凯、雷金渐和陈连清编写；第4章由黄涛、卢燕飞编写；第5章由张丙广、李睿编写；第6章由杨耕涛、雷金渐编写；第7章由梅鹏、李睿编写；附录由张展、雷金渐编写；最后由陈连清、陈心浩和金士威进行了全文统稿和修订工作。

本书的编写参考了国内外优秀同仁的文献和现有的多部实验室安全方面的书籍，在此对这些文献和资料的原作者表示衷心的感谢。感谢中南民族大学教务处以及化学与材料科学学院的大力支持！本书的出版获得了中南民族大学教材建设项目、应用化学国家一流本科专业建设点、教育部民族院校应用化学专业虚拟教研室和湖北名师工作室等资助。

由于化学实验室安全涉及范围较广，编者的资料搜集和筛选、编写的时间和水平有限，书中疏漏与不妥之处在所难免，敬请读者批评指正。

编者

2022 年 12 月

目 录

第 4 章　化学实验室安全操作　/ 94

第5章 实验室安全防护及辐射防护 / 131

第6章 实验室危险废弃物处理 / 148

第7章 实验事故的防范与应急处理 / 160

第**1**章

绪　论

1.1　化学实验室安全的重要性

　　我国著名的物理学家冯瑞院士曾说"实验室是现代大学的心脏"。实验室是高等学校教学和科研相关人员进行科学研究的重要基地，是新形势下培养高素质人才、诞生高水平成果、服务经济建设的主要场所。化学类研究生，除了在化学实验室中完成本科教学中的化学实验课程外，大量的探索性科研实验都集中在化学实验室中进行。此外，对于大一新生来说，进入化学实验室的第一课就是安全课。为保证新生在第一次进入实验室之前就受到初步的安全教育，各高等院校会在新生入学教育阶段安排安全讲座，给全校选修普通化学实验的学生简单介绍化学实验室最基本的安全常识以及实验教学中心的教学环境和各项制度、纪律，并将讲座的相关内容编写成手册发放给学生，最后由实验教学中心与学生逐一签订实验安全协议书，进一步强化新生的安全意识。实验室安全问题越来越受到教育部和高校的高度重视，并被列入高校管理工作的重要内容。此外，在进入实验室之前，各研究机构也需要对人员进行严格培训，可见实验室安全对高校或者研究机构都具有重大意义。

　　目前，随着科学技术的飞速发展，化学实验室的硬件和软件水平得到了显著的提升，然而实验室内部存在的安全隐患逐渐增多。与实验室相关的教学、科研活动日益频繁，会导致化学品使用量急剧增加，各类实验过程中危险设备的使用频率也相应提高，如高压反应釜、压力灭菌器、辐射源或辐射装置等。在许多化学或生物实验中还需使用剧毒、易制毒化学品、微生物菌种、实验动植物等，科研人员与危险化学品和高风险仪器设备高频率接触，稍有不慎就有可能引发灼伤、火灾、爆炸、中毒等各种灾难性事故，从而威胁到高校师生的生命财产安全。迄今为止，实验室安全依旧是高等学校最应关注的问题之一。数据显示，安全事故的发生，98%都是由人为因素造成的。比如2021年10月24日，某大学实验室发生爆燃，引发火情，当地消防人员在第一时间到达现场进行处置，及时扑灭明火，事故造成11人受伤，其中两人经抢救无效死亡，事故主要原因是实验室内镁铝粉爆燃。事故发生往往会造成实验室人员伤亡、设备损毁，使家庭、社会及国家遭受重大损失。各种实验事故的发生，除了造成人员伤亡和大量的财产损失外，同时造成严重的环境污染问题。

因此，重视实验室安全，保障实验者的人身安全、实验室财产安全，防止环境污染，在当前显得尤为重要。只有在安全的基础上才能使实验室诸项工作得以顺利进行。为了更好地履行高等院校实验室所承载的使命，我们需要时刻把实验室的安全放在首位，学生在进入实验室之前，必须充分了解实验室内的规章制度、操作规范及应急处理等涉及实验室安全的问题，从而保证师生的人身安全，确保实验研究的顺利进行。

1.2　化学实验室安全隐患

面临新的形势，我国对人才培养和科学研究的要求有所提高，加大了实验室建设的力度，使得实验室建设在数量和规模上都达到了前所未有的高度。但随着实验室规模的扩大，以及实验室种类和数量的增多，各种安全隐患也大为增加。然而与此相对应的是，实验室的各类配套软件设施还达不到要求，实验操作课老师专业能力差距较大，对各类仪器使用不够熟练，对试剂的性质了解得不够透彻；实验室管理人员的管理水平和专业知识不均衡，造成对新设备的了解不足，从而埋下安全隐患；此外，也有部分学校的许多药品或设备由于受资金限制没有及时更新，导致部分化学药品过期，一些设备也缺乏应有的维护，以上种种都为实验室安全管理埋下隐患。虽然因为行业或领域不同，化学实验室的功能布局、设备仪器都有所不同，但基本具有以下 6 大特点：

（1）化学试剂使用量大，存在易燃、易爆等安全隐患

化学实验室中经常会使用一些易燃易爆、有毒有害的化学品，种类繁多、性质各异。特别是有机化学实验中，往往需要使用大量有机溶剂或药品。然而，大多数有机化学品不但有毒性，而且易燃烧，有的燃点还很低，比如烯丙基腈、烯丙基硫、乙基吡啶等，但因其毒性较突出，故列入毒害品；也有剧毒的有机化合物（如丙烯腈）因其燃烧的危险性更大而列入易燃液体类；有机腐蚀品中同时具有腐蚀性和易燃性的也很多，亦因其腐蚀性比较显著而列入腐蚀品。此外，有的化学品本身虽不燃，但因同时具有氧化作用（如硝酸、高氯酸、双氧水、漂白粉等），能促使可燃、易燃物燃烧甚至爆炸；或因遇酸分解放出易燃、剧毒气体（如氰化物等）；或因遇水分、酸类产生剧毒亦能自燃的气体（如磷的金属化合物等），都直接或间接带来火灾的安全隐患。

（2）存有各种高压气体钢瓶

钢瓶在化学实验室中很常见，常常需要使用。若操作不当，便可能发生气体泄漏或者爆炸，一旦发生，其危害是不可估量的。有些化学品如剧毒的氰化氢、液氯，易燃的氢、液态烃，助燃的压缩空气、氧气，不燃低毒的制冷剂氟里昂，甚至不燃无毒的二氧化碳、氮气等，都必须储存在耐压钢瓶中，一旦钢瓶受热，瓶内压力增大，就有引起燃烧、爆炸的危险，所以不管它原来具有哪些特性，一概列入化学危险物品的压缩气体和液化气体类。为了保证化学实验室气瓶储存室和关联设施的日常安全使用，保护操作人员人身和财产安全，对实验室的压缩空气、氢气、氮气、氩气、氮气、乙炔钢瓶的管理等必须严格遵守实验室气瓶安全管理制度。

（3）"三废"产生及处理

化学实验的过程中，不可避免地会产生大量的废液和废弃物。很多实验室的废液成分复杂，很难做到分类收集，处理难度较大，容易造成环境污染问题。实验室产生的固体废

弃物，处理过程特别复杂，需要特别注意不能随意扔进垃圾桶或水槽中。废液和废弃物若处理不及时或者处理不当，是极易产生安全问题的。此外，很多化学实验还会产生有毒有害气体，比如使用硝酸作为氧化剂时经常会在反应过程中产生氧化氮气体，具有强烈的刺激性，在实验过程中要设置吸收有毒气体的装置，防止对实验人员的健康造成威胁，同时也避免对环境造成污染。

（4）大量过期或失效试剂的处理

由于高等学校进行化学实验比较频繁，实验室人员众多，实验内容多变，导致所使用化学试剂种类非常多，且使用量大，包括一些剧毒试剂，比如四氧化锇、三硝基铊和硫酸二甲酯等。高校实验室常常留下大量过期或失效的试剂，这些试剂部分具有易燃易爆等危险性，因此也需要按规定进行回收和处理，从而避免安全事故的发生。教学实验室在试剂购买时，可以通过统筹调整，按需购买，按量调配，避免部分高危试剂的使用，比如在做安息香辅酶合成时，采用维生素 B_1 替代氰化钾，虽然这会导致实验成本增加，却能大幅降低实验的危险性。

（5）具有潜在安全隐患的设备装置

实验室的仪器设备种类繁多，很多实验会用到具有尖端技术、贵重精密的设备设施，有些实验还会用到高温高压和带放射性的特种设备，这些设备都有安全操作要求，在设备使用过程中存在安全隐患，人员使用前需要进行专门的培训和学习。教学实验室设备相对简单、安全，但是台（套）数多，可能导致电路过载。此外，学生大多对设备不熟悉，指导教师需要有较高的业务能力和较强的责任心，明确标识操作要求及注意事项。科研实验室设备种类非常多，会使用到很多具有危险性的设备和装置，比如反应釜、高压灭菌锅、无水试剂处理装置、酒精喷灯、气瓶等，需要进行定期检测、维护，并及时维修、报废。因此，对科研实验室设备的管理和使用具有很高的要求。

（6）人员流动性大

进入实验室的人员包括教师、学生以及其他相关人员。尤其是学生比较复杂，不仅有化学专业的学生，还包括一些需要必修化学课程的相关专业学生，比如农学相关专业、生命科学相关专业、环境科学相关专业、药学相关专业等，这也就导致实验室进出人员类型多、批次多、人员流动性大。此外，学生需要每年进行科学研究训练，人员流动性更加频繁。科研人员在对未知科研领域的不断探索中，许多未知因素难以预见，只能在客观上对实验操作的安全进行预判和控制。实验室人员的不规范操作和安全意识淡薄常常会带来安全隐患。许多实验人员主观安全意识懈怠，对实验室安全不重视，其主要原因是实验室未发生过安全事故、或已发生事故但损失不大、或事故没有牵涉自己，造成思想上的麻痹。其次，从事实验的人员进入实验室前未接受安全教育或培训，没有达到实验室的准入许可条件，对实验室的有关安全的规章制度不熟悉和未落实，对所处环境存在的安全隐患和对使用的实验材料的危险性的认知不了解等，都给化学实验的安全风险存在带来可能性。

1.3　化学实验室的安全保障

随着化学实验室设备设施更加先进齐全，安全管理制度不断深入改革，先进的科学仪器和设施完善的实验室促进现代科技水平的发展，为优秀的科研成果的诞生提供了条件。

化学实验室不仅具有普通化学实验设备，而且还有大量性质各异的化学试剂和药品，各种复杂且精密的大型仪器，基础设施更加完善，规模也越来越大。各种玻璃仪器或者设备，不能够简单放置实验台面上；各种化学药品，不能随意存放在一起；各种大型、精密的设备，不能直接放进实验室。实验室规划设计时必须以"实用、安全、环保"为出发点，综合考虑各种仪器设备安全操作要求，配置相应实验设备。化学实验室要成为安全、高效地培养专业人才、提供科研服务的平台，实验室必须要有完备的安全设施和安全保障制度，保障实验室的正常有序运行。

1.3.1 化学实验室的规划设计和建设

实用性是化学实验室的一大特点，除此之外，实验室还需具备防火防爆、防水防燃、防腐蚀、防辐射、防中毒等功能。因此，化学实验室的建设是一项复杂的系统工程，涉及专业众多，更需要同时精通实验室使用知识、建筑知识等才能设计规划好。要实现实验室的安全环保，从实验室的规划、设计和建设（新建、扩建、改建）项目开始，就需要充分考虑很多因素，不单纯是选购仪器设备与实验器具，还要综合考虑实验室的总体规划、合理布局以及平面设计。实验大楼在规划、设计时也必须严格执行国家现行的有关方针政策和法律规范等。目前，我国已有许多这方面的设计规范与施工规范，如《科研建筑设计标准》（JGJ 91—2019）、《生物安全实验室建筑技术规范》（GB 50346—2004）等，就是根据实验大楼具有的学科研究特点，在规划、设计和建设上尽可能满足技术先进、安全可靠、经济合理、确保质量、节省能源和符合环境保护等要求。从强弱电、给排水、供气、通风、空调、空气净化、安全措施、环境保护、操作人员舒适度等基础设施和基本条件各方面综合考虑，紧跟"以人为本，人与环境"的热点课题。如果实验室的结构、布局、空间安排及建成后的配套设施等不科学、不合理，则均有可能产生安全环保隐患。

根据实验任务需要，化学实验室有贵重的精密仪器和各种化学药品，其中包括易燃易爆及腐蚀性药品。另外，在操作过程中常产生有害的气体或蒸气。因此，化学实验室建设设计前要充分了解实验室的功能、专业方向、研究领域、规模，考虑实验用房的平面尺寸、所处的楼层、层高、通风产品及通风管道在房间的布局位置、尺寸、墙体窗户位置等因素，综合考虑排风管道、给排水管道、电线管路、燃气管路、空调管路、强弱电管线等的走向和尺寸等。在筹建新化学实验室或改建原有化学实验室时都应考虑如下因素：

① 对有危害或可能产生危险的实验室需要进行有效隔离，各种实验设备和实验人员进行实验操作需要具备足够的空间，因此实验室的结构布局要合理，区域划分要明确、合理；

② 实验室的各种装修材质要符合要求，如采用阻燃地面和阻燃台面等；

③ 通风设施以及污水排放装置要合理；

④ 实验室基础建设要符合实验等级要求，不可超负荷用电或不符合设计要求用电；

⑤ 相关消防设施，应急系统装备要齐全且检修合格；安全通道通畅无阻，明确标识相关标志，便于疏散、撤离、逃生等。

化学实验室大致分为三类：精密仪器实验室、化学分析实验室、辅助室（办公室、储藏室、钢瓶室等）。化学实验室要求远离灰尘、烟雾、噪声和震动源，因此化学实验室不应该建在交通要道、锅炉房、机房及生产车间旁（车间化验室除外）。同时，为保持良好的气象条件，一般应为南北方向。

1.3.1.1　精密仪器实验室

科研机构对实验室通风、供排水、电控及洁净度都要求较高，特别是精密仪器实验室，应当具备防火、防爆、防尘、防水、防震、防电磁干扰、防噪声、防腐蚀、防有害气体侵入的功能。为保持一般仪器使用性能良好，需要恒温的仪器室，可装双层门窗及空调装置，室温尽可能保持恒定，温度为15～30℃，有条件的最好控制在18～25℃。精密仪器实验室的地板，为防止产生静电，带来安全隐患，可用防静电水磨石地面。

此外，大型精密仪器室的供电电压应稳定，绝不可超负荷或不符合要求用电，必要时需配备稳压电源等附属设备。为保证供电不间断，也可采用双电源供电。微型计算机和微机控制的精密仪器对供电电压和频率有一定要求。为防止电压瞬变、瞬时停电、电压不足等影响仪器运作，可根据需要选用不间断电源（UPS）。专用的仪器分析室设计时，需就近配套设计相应的化学处理室，这在保护仪器和加强管理上是非常必要的。

1.3.1.2　化学分析实验室

从事研究实验常常需要使用一些小型的电器设备如分光光度计、液相色谱仪等，以及各种化学试剂，包括高毒性、挥发液体、粉体、有压可燃气体等。实验研究常常包括化学物质的加热、混合、稀释、冷却、蒸馏、蒸发等，这些工作可在开放实验台上或通风橱内操作，但操作不慎也具有一定的危险性。针对这些使用特点，化学分析实验室设计时应注意以下问题。

（1）建筑要求

化学实验室应为一、二级耐火建筑，禁止将木质结构或砖木结构的建筑作为化学实验室，隔断和顶棚也要考虑到防火性能。对于有潜在爆炸危险的实验室（如使用危险试剂、氢气气瓶等），应选用钢筋混凝土框架结构，并按照防爆设计要求来建设。室内地板可采用水磨石地面或防静电水磨石地板，窗户要能防尘。室内采光要好，门应向外开，化学实验室的开间一般为3.2～3.6m，进深一般为8m左右。有洁净度、压力梯度、恒温恒湿等特殊要求的实验室净高宜为2.5～2.7m（不包括吊顶）；实验室走廊净宽宜为2.5～3.0m，普通实验室双门宽以1.1～1.5m（不对称对开门）为宜，单门宽以0.8～0.9m为宜。为了发生危险时易于疏散，实验台间的过道应全部通向走廊。面积较大的实验室应设两个出口，以利于发生意外时人员的撤离。

（2）供水和排水要求

必须在装修开始前完成实验台柜方案的确定，并出具供排水定位图。供水要保证必需的水压、水质和水量，以满足仪器设备正常运行的需要，室内总阀门应设在易操作的显著位置。下水道应采用耐酸碱腐蚀的材料，地面应有地漏。

（3）通风设施要求

化学实验室在实验过程中容易产生各种有害气体、臭气、湿汽以及易燃、腐蚀性物质，为了保护实验人员的安全，防止实验中的污染物质向实验室扩散，造成室内空气的污染，影响仪器设备的精度和使用寿命，良好的通风系统便是实验室不可或缺的重要组成部分。因此化学实验室要有良好的通风条件，实验室的最新观念就是将整个实验室当作一台排气柜，如何有效地控制各种进排气，达到既安全又经济的效果是至关重要的。通风设施一般有 3 种：

① 全室通风　当有毒有害气体或易燃气体产生时，为了避免对实验室环境造成污染，应尽快将其消除。可对实验室进行全面排风，不断交换新鲜空气，使有毒有害气体的浓度降低，直至清除。常用的全面排风设施有屋顶排风、排风扇通风竖井等。通常情况下，实验室通风换气的次数每小时不少于 6 次；发生事故后通风换气的次数每小时不少于 12 次。

② 局部通风　局部通风能将有害气体产生后立即就近排出，这种方式能以较小的风量排走大量有害气体，效果好，速度快，耗能低，是目前实验室普遍采用的排风方式。局部通风一般安装在大型仪器产生有害气体部位的上方。在教学实验室中产生有害气体的上方，设置局部排气罩以减少室内空气的污染。实验室常用的局部通风设施有排风罩、通风橱等，目前用得最多的是通风橱。

③ 通风橱　通风橱是实验室中最常用的局部排风设备，是实验室室内环境的主要安全设施。通风橱内有加热源、水源、照明等装置。可采用防火防爆的金属材料制作，内涂防腐涂料，通风管道要能耐酸碱气体腐蚀。风机可安装在顶层机房内，并应有减少震动和噪声的装置，排气管应高于屋顶 2m 以上。一台排风机连接一个通风橱较好，不同房间共用一个风机和通风管道易发生交叉污染。通风橱在室内的正确位置是放在空气流动较小的地方，可采用较好的狭缝式通风橱。通风橱台面高度 800mm 或 750mm，柜内净高 1200～1500mm，操作口高度 800mm，柜长 1200～1800mm，视窗开启高度为 300～500mm，挡板后风道宽度等于缝宽的 2 倍以上。面风速一般为 0.5～1.0m/s，风速太低效果不好；风速太高会造成气流紊乱，影响正常通风效果。

通风橱功能性强，种类多，使用范围广，排风效果好。其最主要的功能是排气功能，随着在实验台上进行的实验转移到通风橱内增多，要求通风橱要有最适于设备使用的功能。特别是大多新建的实验室都要求有空调，因此在建筑的初步设计阶段就要将通风橱的使用台数纳入空调系统的计划中。实验室通风橱使用台数的增加，要求实验室初建之期，合理设计规划通风管道、配管、配线、排风等实验室基础建设。通风橱作为基础安全设施，其具备的主要功能如下。

a. 释放功能：将通风橱内部产生的有害气体用吸收柜外气体的方式稀释，使其稀释后排至室外。

b. 不倒流功能：在通风橱内部由排风机产生的气流将有害气体从通风橱内部不反向排到室外。为确保这一功能的实现，一台通风橱与一台通风机用单一管道连接是最好的方法，不能用单一管道连接的，也只限于同层同一房间的并连，通风机尽可能安装在管道的末端。

c. 隔离功能：在通风橱前面应用不滑动的玻璃视窗将通风橱内外进行分隔。

d. 补充功能：在排出有害气体的同时，通风橱应具有从通风橱外吸入空气的通道或替代装置。

e. 控制风速功能：为防止通风橱内有害气体逸出，需要有一定的吸入速度。

通风橱这些功能，只有在其正确使用的条件下才得以发挥，起到有效保护的作用，因此正确操作很重要。通风橱的通风量可变性较强，它配备轻空气、中空气、重空气通风口和导流板。轻空气通风口设在通风橱的顶部，中空气通风口设在导流板的中部，重空气通风口设在导流板的下部与工作台面之间，利用移动玻璃门的进气气流的推动作用，将有害气体强行排入导流板内，在导流板内进行提速排放。通风橱的补气进气口设在前挡板上，当移动门完全封闭时可起到补气的功能。导流槽设置在背板和导流板的夹层之间，将通风橱内的有毒气体排入导流槽后，提高风速。通风橱顶部、底部和导流板后方的狭缝用于排出污染气体。这些狭缝通道需要一直保持一定的屏障，便于污染气体的排放。工作时尽量关上通风橱，移动玻璃视窗，防止柜内的污染空气流出通风橱，污染实验室空气。

对洁净度、温湿度、压力梯度有特定要求的功能实验室，应采用独立的新风、回风、排风系统。通风橱的排风系统应独立设置，不宜共用风道，更不能借用消防风道。通风橱的安装位置应便于与通风管道的连接。为了防止污染环境或损害风机，无论是局部通风还是全面通风，有害物质都需经过净化、除尘或回收处理后方能向大气排放。

（4）供电要求

实验室供电系统也是实验室最基本的条件之一。电源插座应远离水槽和煤气、氢气等喷嘴口，并不影响实验台仪器的放置和操作。线盒采用钢线槽（主要用在试剂架、边台和中央台台面上）。电线线径应充分考虑实验的当前需要和扩容。必须在装修开始前完成实验台柜方案的确定，并出具电位图。

化学实验室的电源分照明用电和设备用电。照明最好采用荧光灯，在室内及走廊上安装应急灯，备夜间突然停电时使用。设备用电：24h运行的电器如冰箱需单独供电，烘箱、高温炉等电热设备，应有专用插座、开关及熔断器。其余电器设备均由总开关控制。

（5）实验台要求

实验台主要由台面、台下的支架和器皿柜组成，为方便操作，台上可设置药品架，台的两端可安装水槽。实验台面一般宽750mm，长根据房间尺寸，可为1500～3000mm，高可为800～850mm。台面常用贴面理化板、陶瓷板等制成。理想的台面应平整、不易碎裂、耐酸碱及溶剂腐蚀、耐热，不易碰碎玻璃器皿等。

1.3.1.3　辅助用室

（1）药品储藏室

由于很多化学试剂属于易燃、易爆、有毒或腐蚀性物品，因此不要购置过多，按需购买。储藏室仅用于存放少量近期要用的化学药品，且要符合危险品存放安全要求。要具有防明火、防潮湿、防高温、防日光直射、防雷电的功能。药品储藏室房间应朝北、干燥、通风良好，顶棚应遮阳隔热，门窗应坚固，窗应为高窗，门窗应设遮阳板。门应朝外开。易燃液体储藏室室温一般不许超过28℃，爆炸品不许超过30℃。少量危险品可用铁板柜或水泥柜分类隔离贮存。室内设排气降温风扇以及采用防爆型照明灯具，备有消防器材。

（2）钢瓶室

易燃或助燃气体钢瓶要求安放在室外的钢瓶室内，钢瓶室要求远离热源、火源及可燃物仓库。钢瓶室要用非燃或难燃材料建造，墙壁用防爆墙，轻质顶盖，门朝外开。要避免阳光照射，并有良好的通风条件。钢瓶距明火热源10m以上，室内设有直立稳固的铁架用于放置钢瓶。

此外，为了加强实验室安全管理，实验室必须配备完善的门禁、监控系统。不能直接向所有人开放，通过门禁管理制度，有效减少外来人员误入化学楼可能存在的各种潜在危险。监控系统包括视频监控、火灾监控、气体泄漏监控等设备。对于特殊仪器设备可能使用的危险气体，可安装例如氢气、一氧化碳等可燃气体的探头，并具备报警功能。各种监控设备的信息统一汇总到实验楼的保卫室，以便于安保人员及时掌握化学实验楼的各种信息。

1.3.2　化学实验室安全的防范措施

近年来，随着经济的不断发展，人民的生活是越来越幸福，对生命价值的认识逐渐深刻，"以人为本"的理念不断深入人心，政府部门对实验室安全环保工作日趋重视。但由于我国化学实验室安全环保工作总体起步较晚，工作基础薄弱，实验室安全工作中还存在着许多问题，管理水平也参差不齐。

（1）实验室在安全管理方面存在的主要问题

目前，化学实验室在安全管理方面存在的主要问题大体分为以下几个方面。

① 实验室安全管理方面的规章制度不够健全完善　化学实验室建设的步伐在加快，但相应的实验室安全管理制度和安全操作规程没有及时进行修订。尽管国内高校已经开始重视实验室安全管理，并做了一些工作，制定了相应的安全环保制度，但仍然存在安全管理制度没有落到实处、制度缺乏检查监督等问题。实验室内违反操作规程和安全制度的现象时有发生，存在着诸多安全隐患。

② 专职实验工作人员匮乏，相应的安全检查制度不能得到有效的贯彻落实　目前有些高校实验室大多靠高年级的研究生兼做实验室管理，没有配备专职的实验室管理人员，由此暴露出我国专业化的实验室管理人才的缺乏。

③ 实验人员安全意识淡薄　从出现安全事故的原因分析，大多由于实验室人员麻痹大意，对实验过程中可能造成的危害认识不足，操作规程掌握不到位，实验前未做好准备，人身防护得不到重视等，导致实验室事故层出不穷。尽管高校有安全培训，但没有定期专项的培训制度和课程。

④ 相关安全投入欠缺　由于高校招生人数的扩充，高校实验室用房过度紧张，导致实验达不到应有的使用空间要求，实验台不耐腐不阻燃、线路老化、无定期检修等因素造成高校实验室的安全隐患。学校的资金有限，对实验室仪器设备、实验试剂材料等实验操作必需品进行大量投入，但对实验室安全方面的投入十分欠缺，这也是导致实验室安全设施不齐全，带来安全隐患的主要原因。

（2）保障实验安全应对措施

① 建立健全实验室安全管理规章制度　科学、规范的安全管理制度是实验室正常、高效运转的有力保障。必须制定一整套严格、可行的安全管理规章制度，实验室的安全管理才能有法可依，有章可循。从高校实验室安全管理的现状来说，相关的管理制度建设缺乏体系、种类不全、内容简浅、职责不明、可执行性差的现象还较为普遍。为了进一步推进我国化学实验室安全环保工作，帮助各高校和研究部门健全完善相关的规章制度，中国高教学会实验室管理工作分会特别组织编印了《高校实验室安全管理制度选编》。1992 年发布的《高等学校实验室工作规程》第五章第二十四条规定"实验室要做好工作环境管理和劳动保护工作"；第二十五条规定，实验室要严格遵守国务院颁发的《化学危险品安全管理条例》及《中华人民共和国保守国家秘密法》等有关安全保密的法规的制度，定期检查防火、防爆、防盗、防事故等方面安全措施的落实情况，要经常对师生开展安全保密教

育，切实保障人身和财产安全。1995 年 7 月教育部《高等学校基础课教学实验室评估办法》出台，办法内容共分 39 条，其评估标准共分 6 个大的方面，其中第五部分为"环境与安全"，第六部分为"管理规章制度"，主要考核实验室的设施及环境措施，特殊技术安全、环境保护等。2005 年 7 月 26 日，教育部、国家环保总局下发《关于加强高等学校实验室排污管理的通知》。2010 年 1 月 1 日起施行的教育部《高等学校消防安全管理规定》第三十五条规定，学校应当将师生员工的消防安全教育和培训纳入学校消防安全年度工作计划。另外，国家也颁布一系列通用法律法规和标准用于指导实验室的建设，例如《中华人民共和国刑法修正案（六）》《职业病防治法》《环境保护法》《消防法》以及《危险化学品安全管理条例》《气瓶安全监察规定》《易制毒化学品管理条例》《建设工程安全生产管理条例》等，上述法律法规为实验室的建设，实验室人员的健康安全，实验室化学品的使用、储存和运输，危险源的识别以及环境保护和污染防治方面的管理提供了指导性建议。加大实验室安全管理工作的力度，切实落实各项管理制度，要求进入实验室的人员务必遵守实验室安全管理制度。从长效管理的角度，把安全工作纳入规范化、制度化管理。

② 培养安全意识，强化安全教育　据调查，大多数安全事故是由于人员操作失误、疏忽大意、安全意识不足造成的，因此加强实验室安全管理，需要让每一位实验室人员建立实验室安全管理意识，从中认识到个人的人身财产安全是建立在实验室全体人员的团队合作的态度和个人责任感的基础之上的；同时，还应认识到实验室安全的保证不只是针对实验器物的规范操作，还应该针对实验人员操作的标准规范和有效管理。安全意识的培养是确保人员及实验室财产安全的前提，全面而科学的安全意识应通过系统的实验安全教育来培养。安全教育的主要目的是使每个级别的实验人员都具备基本的实验态度和标准的实验操作行为；实验时谨慎操作，确保实验安全。只有通过这种方式，才会让实验室安全成为一种文化，而不是仅体现在对现有规章制度的遵守上。对学生和实验室工作人员进行安全教育：实验室的有关安全制度、实验操作规程、危险化学品操作技术及应急反应知识等，都可作为培养学生和实验室工作人员安全意识、提高安全素质的教学内容。以中南民族大学化学与材料科学学院为例，通过多次组织专业消防院校进行消防安全知识培训及安全演练，大幅度增强了师生的安全意识及对事故紧急处理的能力。近年来，很多高校都实行了实验室安全准入制度，比如北京大学、清华大学和浙江大学都是开展安全准入制度工作比较早的学校。中南民族大学也于 2017 年开始实施实验室安全准入制度，新生入学需要在网上进行安全知识的独立学习，参加安全准入制考试（见图 1.1）。启动实验室安全培训准入制度，学生和实验室工作人员只有经过安全教育培训后才能进入实验室，并将专业安全知识培训及其考试制度化，纳入实验考核的范围，切实提高学生和实验室工作人员的安全意识。国内已有一些高校利用网上学习与考试系统开设实验安全课，规定学生及研究生修得一定的学分方可进入实验室，以使实验室安全得以保证。同时倡导实验室安全文化，通过安全知识宣传海报（见图 1.2）、安全知识讲座、安全知识竞赛、安全事故分析和安全评比活动等方式来营造安全文化氛围，有效地防止事故的发生。

（3）严格执行危险品管理制度

为进一步加强化学实验室安全管理，防止安全事故发生，保证学校教学、科研工作的正常进行，维护师生员工切身利益，根据国家《高等学校实验室工作规程》（国家教委令第 20 号）、《危险化学品安全管理条例》（国务院令第 591 号）、《易制毒化学品管理条例》

图 1.1　中南民族大学安全准入制考试

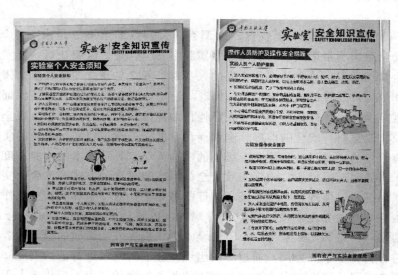

图 1.2　安全知识宣传海报

（国务院令第 445 号）、《病原微生物实验室生物安全管理条例》（国务院令第 424 号）、《放射性同位素与射线装置安全和防护条例》（国务院令第 449 号）、《关于加强高等学校实验室排污管理的通知》（教技〔2005〕3 号）等法律法规，制定实验室危险品管理制度。

① 危险品储存管理　设立专门的化学品库房，根据危险化学品的种类、性质进行分区、分类、分库储存，且储存场所应符合国家有关规定，必须安装通风装置。对易燃、易爆、剧毒、致病微生物、麻醉品和放射性物质等危险品，要按规定设专用库房，不得混合储存，且每类危险品均应该有明显标志。并按照"五双"管理制度妥善保管，注意电气防爆。气瓶应该存放于气瓶柜内。根据储存仓库条件安装自动监测和火灾报警系统，配备相应的消防设备，安装防盗装置并加以监控。

② 危险化学品使用管理　领用相关危险化学品，使用人员需严格按照规定，详细登记并办理相关手续，双人领取，现领现用。在使用时，使用人员需全面了解危险化学

品的理化性质、危害特性以及运输和相关应急处理措施，做好相关防护措施，小心操作。

③ 危险化学品处理管理　对过期失效的废弃危险化学品或使用剩余的危险化学品不能随意倾倒、掩埋，更不允许不经处理直接由下水道排放。应集中妥善保管，由相关专业人员进行处理，请有资质的单位进行处理和处置。

（4）加强监督检查

监督检查制度是落实实验室安全管理制度和措施的重要保证。学校要设立实验室安全检查组，坚持安全检查监督制度，对实验室的安全情况进行定期和不定期的检查。监督员应具有丰富的专业知识和实验室工作经验，熟悉检验程序及检验过程中的关键控制要求。尤其要对实验室重点安全部位严加监督管理。对易燃、剧毒、易爆危险化学品、放射源、高压气体钢瓶、电气设备的管理，对实验室建设、仪器设备、工艺流程、实验废弃物预处置及实验室防护设施等要素严格检查，及时发现和排除存在的各种不安全因素，切不可在实验室内违规存放大量气体钢瓶。对于违规人员，应严厉处罚，对于存在的安全隐患应及时采取措施，确保各项安全防范措施落到实处。发现问题及时记录并向技术负责人提交或报告，向质量保证科反馈，立即采取纠正措施，及时改正质量，对不合格的实验室要执行限期整改，严重的可暂时关闭实验室，直至整改达到合格标准方能批准开展实验。监督员应按照"质量监督员职责"的要求，对检验工作程序、检验方法及检验过程是否规范等方面进行全面监督。对检验工作中的关键环节、关键岗位进行充分监督。

（5）明确安全管理职能

各级单位需要层层落实安全责任制，明确每个岗位和人员的职责，建立完善的评价及追责机制。建立有效的安全管理体制，落实实验室安全管理责任，将安全责任落实到人、落实到位，是做好实验室安全工作的重要环节。以高校化学实验室为例，学校党政主要负责人是实验室安全工作的第一责任人，实行分管副校长领导下的分工责任制，全面落实和指导学校的实验室安全管理。学校与院（部、系）、院（部、系）与实验室、实验室与学生或实验室工作人员，逐级签订安全责任书，明确各级安全工作的岗位、范围、内容、标准、责任。贯彻落实"安全第一、预防为主"的安全工作方针和"谁主管谁负责、谁管理谁负责、谁使用谁负责"的安全管理原则，将安全管理责任落实到每一个实验室、每一个实验台、每一个药品柜，强化每个实验室工作人员的安全责任意识。还可设立专门的实验室安全管理机构，配备专门的安全管理人员。可在实验室设立技术安全科，与高校现行的安全管理职能部门，如保卫处、消防科等共同负责与实验室有关的安全管理工作，从体制上进一步完善实验室安全工作管理机构和落实安全责任。高校可设立实验室安全管理领导小组，校领导担任组长，成员由实验教学与实验室管理中心、保卫处等职能部门领导和相关专业技术领域专家组成，主要负责监督、指导全校实验室安全管理工作。办公室设在实验教学与实验室管理中心，负责协调解决实验室安全工作中的相关事项。学院（中心）等二级单位党政一把手是各单位实验室安全第一责任人，代表学院与学校签订"实验室安全管理责任书"。各单位成立实验室安全管理工作小组，设置实验室安全员具体负责本单位实验室安全管理日常工作。此外，实验室负责人或科研项目组负责人是本实验室的安全责任人，代表本实验室与学院主管实验室工作的相关院领导签订"实验室安全管理责任书"。分解实验室安全管理责任，做到责任落实到人，并督促执行；根据实验室的特点制定本实验室安全的相关规定（包括操作规程、仪器操作说明、应急预案、值班制度等），并负责实施。总之，实验室必须建立健全以实验室主要负责人为主的各级安全责任人的安全责任制。

（6）制定实验室应急预案

化学实验室有必要对可能发生的事故进行预案准备，最大限度地减少化学实验室突发事件对实验室工作人员和环境的危害，降低其造成的社会影响。预案需对各实验室可能面临的具体安全危险进行有针对性的预防和处置。例如，"实验室火灾突发事件的应急处理""实验室爆炸突发事件的应急处理""实验室中毒突发事件的应急处理""实验室触电事件的应急处理""实验室一般伤害应急处理"等。因此，化学实验室应配备相关应急设施，建立紧急疏散撤离方案，必要时可以组织相关人员进行演练，确保一旦突发事件，能快速、有效、正确地应急处理，控制事态发展，将危害性降到最低。此外，实验人员应掌握相关急救措施和方法，开展相关内容讲座或网上课堂学习，加强实验人员的安全素养。

（7）树立绿色化学理念，保护环境

安全绿色实验室包括无事故和绿色环保两方面。首先，实验人员要有正确的安全意识和行为习惯，能消除实验材料、设备等实验环境的安全隐患，降低安全事故发生的概率，最终达到无事故的实验室。其次，实验室还应该是坚持节约资源、保护环境的绿色生态的实验室，可从实验室的材料、布局规划建设上充分考虑。环境保护是关乎人类生存、社会发展的重大问题。实验室应紧跟绿色发展理念，防止污染，保护环境，这是从更高层次上解决实验室安全问题的新举措。

开设微型实验，用尽量少的原料和试剂完成实验；尽量选择原料为无毒或低毒、产物无毒、低毒或易处理的实验项目。药品使用采取就低不就高原则，用普通试剂代替高纯度试剂，用无毒或低毒试剂代替有毒试剂，用试剂量少的实验代替试剂量多的实验。实验原料、中间产物、实验产物、废弃试剂要分类回收，废液、残渣妥善收集，分门别类地进行无毒无害化处理，以免对周边的水质环境、土壤环境、大气环境、生态环境和人体健康造成影响。

1.4 实验室常见安全事故

（1）火灾事故

火灾是化学实验室最常见的事故。引发火灾事故的原因较多，主要原因如下：

① 化学实验中使用的化学品易燃。易燃品遇到热源或火源引发火灾，还有部分化学品会发生自燃，保存不当引发火灾；

② 电路问题，实验设备设施使用不当，如过载、短路、导线接触不良、用电设备操作不当等原因可能引发电气火灾；

③ 人为疏忽，如忘记关电源、乱扔烟头、忘记关闭酒精灯或电炉等。

火灾事故很多造成了巨大的经济损失，烧毁实验室和设备，造成研究成果、软件、设计文档、论文资料的损失，有些严重的事故还造成人员伤亡。

案例：2008年美国加利福尼亚州立大学（简称加州大学）洛杉矶分校（UCLA）化

学实验室火灾事故

2008 年 12 月 29 日下午 2 时左右，加州大学洛杉矶分校（UCLA）分子科学大楼四楼一间实验室内一位女性助理 Sangji 在进行化学实验时不慎着火。虽然同实验室实验人员协助灭火并打 911 火警电话求救，并且消防车在 12min 内赶到并将火扑灭，但该女性助理的头、手、手臂及上身还是造成约 40% 部位二至三级烧烫伤，虽然当即被送到附近医院抢救，之后再转烧烫伤中心治疗，不幸的是该女性助理在 18 天之后（1 月 16 日）不治身亡。

事故原因：①未穿实验衣；②实验中不用加压将危险化合物打入针筒中，忘了开氮气，以至于拔针筒活塞时造成负压，用力过猛而将活塞拔出针筒。

（2）爆炸事故

爆炸事故多与火灾事故相联系，具有突发性，往往会造成人员死伤，整个实验室，甚至实验大楼被摧毁。爆炸事故多发生在具有易燃、易爆物品和压力容器的实验室。这类事故的隐患主要如下。

① 实验室的易燃易爆物品管理不当，发生泄漏、受热、撞击、混放等，比如氢气和一氧化碳，在空气中达到一定浓度后遇明火发生爆炸；

② 高压、高能的实验装置操作不当或不合格，如烘箱内有机物质挥发又没有及时排出，导致爆炸；

③ 实验设备老化、存在故障或缺陷，试剂微泄漏，遇电火花引发爆炸等；

④ 实验操作不规范，如实验时，误将硝基甲烷当作四氢呋喃投到氢氧化钠中，发生爆炸；

⑤ 生产工艺不完善等。

案例一：2010 年某实验室爆炸事故

2010 年 6 月 9 日，某实验室发生连环爆炸事件。据工作人员介绍，爆炸化学物品为双氧水。此次发生爆炸的原因是过氧化氢遇到高温造成的，爆炸发生地是一个实验室的小仓库。

事故原因：过氧化氢，是除水外的另一种氢的氧化物。黏性比水稍微高，化学性质不稳定，一般以 30% 或 60% 的水溶液形式存放，其水溶液俗称双氧水。过氧化氢有很强的氧化性，且具弱酸性。由于其性质活泼且容易分解，保存时应该尽量使用密闭容器，防止日光照射，而且不宜长时间储存。应储存于阴凉、通风的库房。远离火种、热源。库温不宜超过 30℃。保持容器密封。应与易（可）燃物、还原剂、活性金属粉末等分开存放，切忌混储。储存区应备有泄漏应急处理设备和合适的收容材料。

案例二：2013 年南京某高校实验室爆炸事故

2013 年 4 月 30 日 9 点左右，南京某高校内一平房实验室发生爆炸，引发房屋坍塌，附近居民多家玻璃震碎，造成 2 人受伤，3 人被埋。

事故原因：此次事故事发地为该校废弃化学实验室。在爆炸发生之前，实验室内有一定数量丢弃的化学药品和储气罐。拆迁工人在对储气罐切割时发生火灾，在随后进行灭火时，发生爆炸，导致事故发生。实验室内残留的化学药品，其化学特性未知。储气罐内气体具体名称和残留量也未知，在此状态下进行处理，是引发事故发生的前提。因此，针对实验室废弃化学品的处理，应严格按照化学品特定的处理方法予以处理，切勿直接将其丢弃作为处理手段。另外，废弃储气瓶的处理，也应严格按照具体的操作流程进行报废处理。

（3）化学事故

化学事故包括腐蚀、灼伤、中毒、窒息、火灾和爆炸等各种事故。实验室发生化学事故的主要原因如下：

① 违规操作或误操作，如使用易挥发的化学试剂时，不按操作要求，不及时加盖；蒸馏或浓缩易挥发的有毒化学试剂时，未在通风橱中进行操作等；

② 实验室管理不善，如化学物品、废弃物没有按规定分类存放，随意乱倒有毒废液、乱扔废弃物；

③ 实验室设备设施老化或缺失，如通风设施不能将有毒气体收集、排放，无废弃化学物收集器等；

④ 在实验室进食、饮水，误食被污染的食物；

⑤ 不按规定穿戴防护用品等。

（4）电气事故

由于实验的需要，实验室大多配备有大型电气设备，使用不当，便容易发生电气事故。电气事故是实验室中普遍存在而又极易发生的事故。电弧、电火花和表面高温都可能破坏电气设备的绝缘性能，烧毁绝缘层，引起电气火灾或爆炸事故；实验仪器设备使用时间过长，出现故障、老化或缺少必需的防护装置，也会造成漏电、触电和电弧、电火花伤人等。

（5）生物安全事故

生物实验室使用的高致病病原微生物、基因修饰生物、实验动植物以及产生的危险生物废弃物都可能造成生物安全事故。对于致病性不强的菌种，往往会麻痹大意。可一旦细菌变异，感染人群，将会引发突发性公共卫生事件，同样会对环境造成污染。因此，生物实验室必须进行严格消毒处理，实验人员必须严格遵守相关制度，不得擅自进出。

（6）机械事故

对于机械伤害事故，主要是由操作不当或缺少防护造成的。易造成机械伤害的机械设备包括：运输机械，掘进机械，装载机械，钻探机械，破碎设备，通风、排水设备，选矿设备，其他转动及传动设备。机械伤害事故惨重，当发现机械伤害时，虽及时紧急停车，但因设备惯性作用，仍可对受害者造成伤害乃至身亡。

（7）辐射事故

实验室使用的核辐射源及射线装置，微波辐射，光辐射以及红外、紫外等辐射都可能使公众或者实验人员接受的射线照射或吸入的放射性物质超过安全值，引起受照射人员机体发生病变，甚至对环境造成长期的影响。因此，进入有辐射源实验室，一定要做好相关防护，穿戴防护服，并严格按照规定进行实验操作。

（8）危险化学品泄漏和环境污染事故隐患

实验室产生的有毒、有害化学废气、废液或固体废弃物收集不当或随意排放会导致环境污染。仪器设备老化和故障，会导致各种管、阀、泵、釜、罐等"跑、冒、滴、漏"，如果维护管理不到位，设备带故障运行则极易发生化学品泄漏事故。危险化学品泄漏可能造成火灾、爆炸、中毒等后果，不但危及生命安全，还可能对生态环境造成严重破坏。

练　习

选择题

1. 以下对化学事故的定义是否正确：由于人为或自然的原因，引起危险化学品的泄漏、污染、爆炸，造成损害的事故叫化学事故。（　　　）

A. 正确　　　　　　　　B. 不正确　　　　　　　　C. 不一定

2. 高校化学实验室常见的安全事故包括（　　　）。

A. 爆炸　　　　　　　B. 火灾　　　　　　　C. 人身伤害　　　　　D. 以上都是

3. 关于实验室安全责任体系叙述错误的是（　　　）。

A. 各级单位需要层层落实安全责任制

B. 不需要职能部门参与，学院直接对学校负责

C. 能够提高管理和实验人员的责任心

D. 一旦出现问题能追责到具体人员

4. 在实验室中，应放在第一位的是（　　　）。

A. 实验结果　　　　　B. 实验可行性　　　　　C. 实验安全　　　　　D. 实验创新性

5. 清除工作场所散布的有害尘埃时，应使用（　　　）。

A. 扫把　　　　　　　B. 吸尘器　　　　　　　C. 吹风机

6. 对于实验室的微波炉，下列哪种说法是错误的？（　　　）

A. 微波炉开启后，会产生很强的电磁辐射，操作人员应远离

B. 严禁将易燃易爆等危险化学品放入微波炉中加热

C. 实验室的微波炉也可加热食品

D. 对密闭压力容器使用微波炉加热时应严格按照安全规范操作

7. 废电池随处丢弃会造成（　　　）。

A. 白色污染　　　　　B. 重金属污染　　　　　C. 酸雨　　　　　　　D. 噪声污染

8. 在狭小地方使用二氧化碳灭火器容易造成（　　　）事故。

A. 中毒　　　　　　　B. 缺氧　　　　　　　　C. 爆炸　　　　　　　D. 冻伤

9. 下列物品类别不属于国家危险品类别的是（　　　）。

A. 纺织品　　　　　　　　　　　　　　　B. 腐蚀品

C. 毒害品和感染性物品　　　　　　　　　D. 放射性物品

10. 下列物品不属于爆炸品的是（　　　）。

A. 火绳　　　　　　　B. 硝化甘油　　　　　C. 礼花炮　　　　　　D. 黄磷

11. 噪声的防护措施中，不包括（　　　）。

A. 护耳器　　　　　　B. 消声器

C. 通过观看电视节目、听音乐等措施分散注意力

D. 隔声设备

12. 下列有毒化学物质，相同条件下毒性最强的是（　　　）。

A. $LD_{50} < 500mg/kg$　　　　　　　　B. $LD_{50} < 200mg/kg$

C. LD$_{50}$<1000mg/kg 　　　　　　　　　　D. LD$_{50}$<2000mg/kg

13. 下列哪种物质不是人体所必需的？（　　　）

A. NaCl 　　　　　　B. 铁元素 　　　　　　C. 汞蒸气 　　　　　　D. Ca^{2+}

14. 下列哪项不是发生爆炸的基本因素？（　　　）

A. 湿度 　　　　　　B. 压力 　　　　　　C. 温度 　　　　　　D. 着火源

15. 遇水发生剧烈反应，容易产生爆炸或燃烧的化学品是（　　　）。

A. K、Na、Mg、Ca、Li、AlH$_3$、电石

B. K、Na、Ca、Li、AlH$_3$、MgO、电石

C. K、Na、Ca、Li、AlH$_3$、电石

D. K、Na、Mg、Li、AlH$_3$、电石

16. 以下液体中，投入金属钠最可能发火燃烧的是（　　　）。

A. 无水乙醇 　　　　　　B. 水 　　　　　　C. 苯 　　　　　　D. 汽油

17. 以下药品受震或受热可能发生爆炸的是（　　　）。

A. 过氧化物 　　　　　　B. 高氯酸盐 　　　　　　C. 乙炔铜 　　　　　　D. 以上都是

18. 实验开始前应该做好哪些准备？（　　　）

A. 必须认真预习，理清实验思路

B. 应仔细检查仪器是否有破损，掌握正确使用仪器的要点，弄清水、电、气的管线开关和标记，保持清醒头脑，避免违规操作

C. 了解实验中使用的药品的性质和有可能引起的危害及相应的注意事项

D. 以上都是

19. 实验室中使用乙炔气时，说法正确的是（　　　）。

A. 室内不可有明火，不可有产生电火花的电器

B. 房间应密闭

C. 室内应有高湿度

D. 乙炔气可用铜管道输送

20. 室温较高时，有些试剂如氨水等，打开瓶塞的瞬间很易冲出气液流，应先如何处理，再打开瓶塞？（　　　）

A. 先将试剂瓶在热水中浸泡一段时间 　　　　　　B. 振荡一段时间

C. 先将试剂瓶在冷水中浸泡一段时间 　　　　　　D. 先将试剂瓶颠倒一下

21. 天气较热时，打开腐蚀性液体，应该（　　　）。

A. 直接用手打开 　　　　B. 用毛巾先包住塞子 　　　　C. 戴橡胶手套 　　　　D. 用纸包住塞子

22. 当需要将硫酸、氢氟酸、盐酸和氢氧化钠各一瓶从化学品柜搬到通风橱内，正确的方法是（　　　）。

A. 硫酸和盐酸同一次搬运，氢氟酸和氢氧化钠同一次搬运

B. 硫酸和氢氟酸同一次搬运，盐酸和氢氧化钠同一次搬运

C. 硫酸和氢氧化钠同一次搬运，盐酸和氢氟酸同一次搬运

D. 硫酸和盐酸同一次搬运，氢氟酸、氢氧化钠分别单独搬运

23. 应如何简单辨认有味的化学药品？（　　　）

A. 用鼻子对着瓶口去辨认气味

B. 用舌头品尝试剂

C. 将瓶口远离鼻子，用手在瓶口上方扇动，稍闻其味即可

D. 取出一点，用鼻子对着闻

24. 在使用化学药品前应做好的准备有（   ）。

A. 明确药品在实验中的作用

B. 掌握药品的物理性质（如熔点、沸点、密度等）和化学性质

C. 了解药品的毒性；了解药品对人体的侵入途径和危险特性；了解中毒后的急救措施

D. 以上都是

25. 有些固体化学试剂（如硫化磷、赤磷、镁粉等）与氧化剂接触或在空气中受热、受冲击或摩擦能引起急剧燃烧，甚至爆炸。使用这些化学试剂时，要注意的是（   ）。

A. 要注意周围环境湿度不要太高

B. 周围温度一般不要超过30℃，最好在20℃以下

C. 不要与强氧化剂接触

D. 以上都是

填空题

1. 消防工作贯彻_____、_____的方针。

2. 常用的灭火器材有灭火器、室内消火栓系统和破拆工具类。精密仪器起火应首选_____。

3. 燃烧需要同时具备_____、_____和_____三个条件。

4. 实验室人员离开实验室应做到"五关"：_____、_____、_____、_____、_____。

5. 毒物侵入人体三种基本途径是_____、_____、_____。

6. 实验室常用压力容器包括_____、_____。

7. 在实验室内一切有可能产生毒性气体的工作必须在_____中进行，并有良好的排风设备。

8. 实验室使用的高压和危险气体有_____、_____等。

9. 压力容器如灭菌锅，连续使用时间应小于_____，必须在_____情况下才能开门。

10. 易燃溶液的沸点在60℃以下者，加热使用隔离火源的设备，如_____。沸点在100℃以上的用_____。

11. 灭火有_____、_____、_____、_____四种方法。

12. 电气线路发生火灾，线路方面的原因有：（1）_____；（2）_____；（3）_____。

13. 爆炸的类型一般有两种，即_____和_____。

14. 操作使用灭火器灭火应站在_____。

15. 岗位消防安全"四知四会"中的"四会"是指：_____、_____、_____、_____。

16. _____是我国消防工作的最高法律。

17. 火场指挥权，按法律规定不属于到场的任何一位党政领导，只属于_____。

18. 在规定的实验条件下，液体（固体）表面能产生闪燃的最低温度称为_____。

19. 在规定的实验条件下，液体或固体能发生持续燃烧的最低温度称为_____。

20. 夏季盛装易燃液体的铁桶在阳光下暴晒受热，常常会出现鼓桶或爆裂的现象，就是因为_____的缘故。因此对盛装易燃液体的容器，总要留有一定的空隙，不能装得过满，其道理就在于此。

简答题

1. 化学实验室安全保障措施有哪些？

2. 化学实验室常见的安全隐患有哪些？

3. 实验室安全教育的主要目的是什么？

4. 谈谈你对实验室安全的认识。

答案：

选择题

1～5　ADBCB　　6～10　CBBAD　　11～15　CBCAC　　16～20　BDDAC

21～25　BDCDD

填空题

1. 预防为主、防消结合

2. 二氧化碳灭火器

3. 可燃物、助燃物、点火源

4. 关电、关水、关灯、关门、关窗

5. 呼吸道、皮肤、消化道

6. 高压容器、气体钢瓶

7. 通风橱

8. 氢气、乙炔

9. 8 小时/每天、压力放空

10. 恒温水浴锅、沙浴

11. 窒息灭火法、冷却灭火法、隔离灭火法、抑制灭火法

12. 短路、过载、电阻过大

13. 物理性爆炸、化学性爆炸

14. 上风或侧上风

15. 会报警、会使用消防器材、会扑救初期火灾、会逃生自救

16. 《中华人民共和国消防法》

17. 消防指挥员

18. 闪点

19. 燃点

20. 受热膨胀

简答题

1. 略，言之有理即可。

2. （1）爆炸

① 一些试剂或气体的闪点很低，爆炸极限范围很大，有时就连开关电源时产生的一个很小的电火花都能引起整个实验室的爆炸。

② 旋转蒸发或加压蒸馏带有过氧化物的溶液时，整个蒸馏系统都有爆炸的危险。

③ 反应的管道堵塞，安全阀失灵等都会引起物理性爆炸，释放出来的能量有时还会同时引发化学性爆炸。

（2）火灾

① 很多试剂都是易燃的。有时不注意，接触到了电阻丝等，很容易引起火灾。

② 有的实验药品本身易燃。比如白磷、碱金属单质、活性瑞尼镍等，储存不当的话，都有自燃的可能。实验结束时，这些易自燃物都要做适当处理，不可随意丢弃。特别是在无人留守的情况下，一旦出事，整个一栋试验楼都可能付之一炬。

③ 有时发生了小火灾，但是灭火的方法不当，会引起更大的火灾。比如金属钠着火，用水或二氧化碳来灭火，反而使火势更猛。正确的方法是使用干沙覆盖。

④ 一些加热设备的温控系统是不稳定的，无论是接点温度计式还是热敏感应器式，都不要过分信任。实验室无人超过半小时，烘箱、红外灯、油浴锅、电炉等都要断电。

3. 实验室安全教育的目的：实验室是一个复杂的场所，经常用到各种化学药品和仪器设备，以及水、电、燃气，还会遇到高温、低温、高压、真空、高电压、高频和带有辐射源的实验室条件和仪器，若缺乏必要的安全管理和防护知识，会造成生命和财产的巨大损失。

4. 略。

第 **2** 章

消防安全

高等学校化学实验室与普通的化学实验室不同，不仅具有普通化学实验设备，而且有大量复杂、精密的大型仪器。实验室里常使用煤气灯、酒精灯或酒精喷灯、电烘箱、电炉等加热设备和器具，增大了实验室的火灾危险性。此外，在实验室中，各种危险化学品使用极为普遍，种类繁多，性质活泼，稳定性差；有的易燃，有的易爆，有的性质抵触，只要相互接触即能发生着火或爆炸，在储存和使用中，稍有不慎，就可能酿成火灾事故。因此，化学实验室要成为安全、高效地培养专业人才、提供科研服务的平台，必须要有完备的安全设施和安全制度，才能保证实验室的正常有序运行。在本章中，我们将从消防基础知识、火灾的预防与处理、灭火原理与常见灭火器等方面介绍高等学校化学实验室在建设过程中的基本规范和要求。

2.1　消防基础知识

化学实验室是进行化学实验的场所，每间化学实验室都有大量易燃易爆、有毒有害化学品和贵重的仪器设备。实验室的各种危险特性导致它发生火灾或者爆炸的概率大。因此，每一位实验室的研究人员都应该掌握防火防爆的消防知识。

2.1.1　燃烧与爆炸

在化学实验室中发生燃烧的概率很大，因此每一位实验室的研究人员都应该了解燃烧的过程，以便于处理这种突发情况。燃烧，俗称着火，是指可燃物与氧化剂作用发生的放热反应，通常伴有火焰、发光和（或）发烟的现象。燃烧具有三个特征，即化学反应、放热和发光。

燃烧的必要条件可燃物、氧化剂和温度（引火源，也称点火源）。只有这三个条件同时具备，才可能发生燃烧现象，无论缺少哪一个条件，燃烧都不能发生。但是，并不是上述三个条件同时存在，就一定会发生燃烧现象。凡是能与空气中的氧或其他氧化剂起燃烧化学反应的物质称为可燃物。可燃物按其物理状态分为气体可燃物、液体可燃物和固体可燃物。可燃物大多是含碳和氢的化合物，某些金属如镁、铝、钙等在某些条件下也可以燃烧，还有许多物质如臭氧等在高温下可以通过分解而放出光和热。氧化剂是指能帮助和支持可燃物燃烧的物质，即能与可燃物发生氧化反应的物质称为氧化剂。燃烧过程中的氧化剂主要是空气中游离的氧，氟、氯等也可以作为燃烧反应的氧化剂。温度（引火源）可供给可燃物与氧或助燃剂燃烧需要的能量。常见的是热能，除此以外还有化学能、电能、机械能等转变的热能。例如：汽油的最小点火能量为 0.2mJ，乙醚为 0.19mJ，甲醇为 0.215mJ。对于无焰燃烧，上述三要素同时存在，相互作用，燃烧即会发生。而对于有焰燃烧，除上述三要素，燃烧过程中存在未受抑制的游离基（自由基），使燃烧能够持续下去，亦是燃烧的充分条件之一。

燃烧按其形成的条件和瞬间发生的特点一般分为闪燃、着火、自燃和爆炸四种类型。闪燃指物质遇火能产生一闪即灭的燃烧现象。着火是可燃物质在空气中与火源接触，达到某一温度时，开始产生有火焰的燃烧，并在火源移去后仍能继续燃烧的现象。自燃是可燃物质在没有外部火花、火焰等火源的作用下，因受热或自身发热积热不散引起的燃烧。

爆炸是由于物质急剧氧化或分解产生温度、压力增加或两者同时增加的现象，可分为物理爆炸、化学爆炸和核爆炸。此处简单讲述前两种。物理爆炸是由于液体变成蒸气或气体迅速膨胀，压力急速增加，并大大超过容器的极限压力而发生的爆炸，如蒸汽锅炉、液化气钢瓶等的爆炸。化学爆炸是因物质本身的化学反应，产生大量气体和高温而发生的爆炸，如炸药的爆炸，可燃气体、液体蒸气和粉尘与空气混合物的爆炸等。化学爆炸是消防工作中防止爆炸的重点。

2.1.2　火灾

火灾是指在时间或空间上失去控制的燃烧所造成的灾害。发生火灾的主要原因可归纳为三个方面。一是人为的不安全行为（含放火）；二是物质的不安全状态；三是工艺技术的缺陷。而人的不安全行为是最主要的因素。

火灾依据物质燃烧特性，可划分为 A、B、C、D、E 五类。A 类火灾：指固体物质火灾。这种物质往往具有有机物质的性质，一般在燃烧时产生灼热的余烬，如木材、煤、棉、毛、麻、纸张等火灾。B 类火灾：指液体火灾和可熔化的固体物质火灾，如汽油、煤油、柴油、原油、甲醇、乙醇、沥青、石蜡等火灾。C 类火灾：指气体火灾，如煤气、天然气、甲烷、乙烷、丙烷、氢气等火灾。D 类火灾：指金属火灾，如钾、钠、镁、铝镁合金等火灾。E 类火灾：指带电物体和精密仪器等物质的火灾。

按照国家《火灾统计管理规定》，火灾可划分为特大火灾、重大火灾、一般火灾。具有下列情形之一的，为特大火灾：死亡 10 人以上（含本数，下同）；重伤 20 人以上；死亡、重伤 20 人以上；受灾 50 户以上；直接财产损失 100 万元以上。具有下列情形之一的，为重大火灾：死亡 3 人以上（含本数，下同）；重伤 10 人以上；死亡、重伤 10 人以上；受灾 30 户以上；直接财产损失 30 万元以上。一般火灾：不具有前列两项情形的火灾为一般火灾。

2.1.3　易燃易爆危险品

易燃易爆危险品指遇火、受热、受潮、撞击、摩擦或与氧化剂接触容易燃爆的物质。按形态，易燃易爆危险品可分为气体、液体、固体、粉尘等四类。

2.1.3.1 可燃气体

可燃气体是指凡是遇火、受热或与氧化剂接触能燃爆的气体。气体的燃烧与液体和固体不同，不需要蒸发、熔化等过程，速度更快，而且容易爆炸。

（1）可燃气体（蒸汽）按爆炸极限下限分类

1级指爆炸极限下限（体积分数％）小于等于10的可燃气体，如氢气、甲烷、乙烯、乙炔、环氧乙烷、氯乙烯、硫化氢、水煤气、天然气等绝大多数可燃气体；

2级指爆炸极限下限（体积分数％）大于10的可燃气体，如氨、一氧化碳、发生炉煤气等少数可燃气体。

在生产或贮存可燃气体时，将1级可燃气体划为甲类火灾危险，2级可燃气体划为乙类火灾危险。

（2）影响可燃气体爆炸极限的因素

① 温度　爆炸性混合物原始温度越高，则爆炸下限越低，上限越高，爆炸极限范围扩大，爆炸危险性增加。

② 氧含量　混合物中氧的含量增加，爆炸极限范围扩大，尤其是爆炸上限提高得更多。如乙炔，在空气中的爆炸极限为2.2％～31％，在氧气中的爆炸极限为2.8％～93％。

③ 惰性介质　如果在爆炸性混合物中掺入不燃烧的惰性气体（如氮、二氧化碳、氩等），随着惰性气体百分数增加，爆炸极限范围缩小。当惰性气体浓度提高到某一数值后，可使混合物的爆炸性消失。通常惰性气体对混合物爆炸上限的影响比对下限的影响更为显著。

④ 压力　混合物的初始压力对爆炸极限有很大影响。压力增大，爆炸极限范围也随之扩大，尤其是爆炸上限提高显著。当压力降至某一数值时，下限与上限重合成一点，压力再降低，则混合物将变成不可爆物质。爆炸极限范围缩小为零时的压力称为爆炸的临界压力。

⑤ 容器直径　容器直径越小，混合物的爆炸极限范围越小。当容器直径或火焰通道小到某一数值时，可消除爆炸危险，该直径称为临界直径或最大灭火间距。

⑥ 能源强度越高，加热面积越大，作用时间越长，爆炸极限范围越宽。

此外，光对爆炸极限也有影响。

2.1.3.2 可燃液体

可燃液体指遇火、受热或与氧化剂接触能燃烧的液体。大部分液体的燃烧形式是液体受热后形成可燃性蒸气，与空气混合后按气体的燃烧方式进行。液面上的火焰向液体内传热主要是通过对流和传导两种方式实现的。

（1）可燃液体的闪燃和闪点

当可燃液体的温度不高时，液面上少量的可燃蒸气与空气混合后，因遇火源而发生一闪即灭（延续时间小于5s）的燃烧现象，称为闪燃。

可燃液体发生闪燃的最低温度称为该可燃液体的闪点。

（2）可燃液体分类

国家标准GB 6944—2012将可燃液体分为：低闪点液体（−18℃）、中闪点液体（−18～23℃）、高闪点液体（23～61℃）。可燃液体的闪点越低，越易着火燃烧。两种可燃液体混合物的闪点，一般位于原来两液体的闪点之间，且低于二者闪点的平均值。

（3）液体火焰分类

液体火焰主要分为沸溢火焰、喷溅火焰和喷流火焰。

2.1.3.3 可燃固体

可燃固体指遇火、受热、受潮、撞击、摩擦或与氧化剂接触能燃烧的固体物质。

不同固体物质的燃烧过程也不尽相同。熔点低的固体物质其燃烧过程：受热后首先熔化，再蒸发产生蒸汽并分解氧气，例如沥青、石蜡、松香、硫、磷等。复杂固体物质的燃烧过程：受热时直接分解析出气态产物，再氧化燃烧，例如木材、纸张、煤、塑料、人造纤维等。

2.1.3.4 爆炸性粉尘

爆炸性粉尘指与空气均匀混合达到爆炸极限后，遇火源能发生爆炸的粉尘。

（1）分类

目前已发现的爆炸性粉尘有以下 7 类：金属类如镁粉、铝粉、锰粉；煤炭如活性炭、煤等；粮食如淀粉、面粉等；合成材料如染料、塑料；饲料如鱼粉、血粉；农副产品如烟草、棉花；林产品如纸粉、木粉等。

（2）粉尘爆炸的必要条件

① 空气中存在分散的可燃性粉尘云。可燃性粉尘云浓度处于爆炸范围（爆炸上下限）内。一般地，粉尘分散度越高，可燃气体和氧的含量越大，火源强度、原始温度越高，湿度越低及惰性粉尘和灰分越少，爆炸极限范围越大。一般粉尘的爆炸下限为 $20\sim60\text{g}/\text{m}^3$，上限为 $2\sim6\text{kg}/\text{m}^3$。

② 有足够能量的点火源。

③ 有足够浓度的氧气。

④ 只有在相对密封的包围物（房屋或设备）中，粉尘云的急骤燃烧才能使包围物中的温度和压力迅速升高。当压力增高到大于包围物所能承受的压力时，包围物即被炸裂而发生粉尘爆炸。

（3）粉尘爆炸的特点

二次爆炸的破坏力更大。

闪点高的粉尘开始爆炸时（原始爆炸）的破坏力并不很大。但爆炸后气浪搅起附近处于堆积状态的粉尘，形成了新的粉尘云，而原始爆炸的火焰又成为了点火源，从而引爆了被搅起的粉尘云，这种爆炸称为二次爆炸。二次爆炸因粉尘多，破坏力更大。

粉尘爆炸一般发生在筒仓、料斗、粉碎机、斗提机、干燥机、输送机、混料机、除尘器以及管道、地沟等中。

（4）预防粉尘爆炸

避免可爆粉尘云的产生。

① 避免点火源　点火源一般包括明火（如电焊、气焊与抽烟等）、机械火花（如冲击火花、摩擦火花等）、热表面、静电火花、电气火花、自源火源及其他火源（如雷电火源及一些未知的火源）等。

② 惰化预防　惰化包括气体惰化、真空惰化和粉体惰化。

③ 泄爆技术　只适用于无毒的可燃粉尘。

④ 隔爆技术　容器之间由长导管连接时，必须采用隔爆技术以防止爆炸的传播。隔爆装置有自动快速阀门（分闸阀式和蝶式）和人动式快速切断阀门。

⑤ 抑爆技术　抑爆系统包括爆炸探头、抑爆装置和控制单元。当探头（即传感器）测

到粉尘初始的爆炸时，控制抑爆装置用抑爆剂在爆炸压力升高到容器抗爆强度以前熄灭爆炸。比较有效的抑爆剂是磷酸铵或碳酸氢钠粉剂，卤化物和水的效果差些，但水和岩石粉常用于矿山抑爆。抑爆剂装在高压缸中，缸中有 60bar（1bar＝10^5Pa）或 120bar 的氮气作推进剂，当缸的出口被雷管炸开时，抑爆剂就被高压的推进剂氮气喷入设备内进行抑爆。

⑥ 封闭技术　将粉尘爆炸封闭在设备内而不使之传播称为封闭技术。这时设备应进行最大爆炸压力的耐压与耐震设计。此方法一般用于小型有毒粉尘的生产中。

2.1.4　消防安全标志

2.1.4.1　火灾报警装置标志

火灾报警装置是用于接收、显示和传递火灾报警信号并能发出控制信号和具有其他辅助功能的控制指示设备（见图 2.1）。

图 2.1　火灾报警装置标志

2.1.4.2　紧急疏散逃生标志

紧急疏散逃生标志通常包括疏散方向指示箭头、紧急出口和避难场所等标志（见图 2.2）。

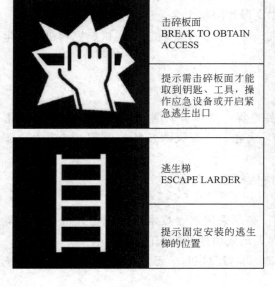

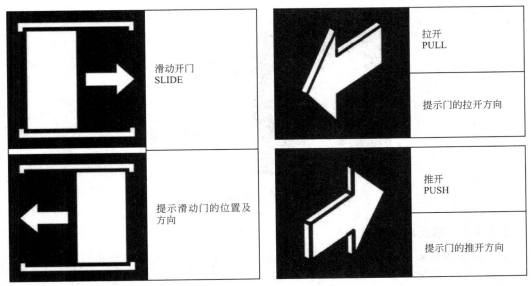

图 2.2　紧急疏散逃生标志

2.1.4.3　灭火设备标志

灭火设备主要包括消防软管卷盘、地下消火栓、地上消火栓、消防水泵接合器、灭火设备、手提式灭火器、推车式灭火器等（见图 2.3）。

图 2.3

图 2.3　灭火设备标志

2.1.4.4　禁止和警告标志

禁止和警告标志主要包括禁止吸烟、禁止烟火、禁止放易燃物、禁止燃放鞭炮、禁止用水灭火、禁止阻塞、禁止锁闭、当心氧化、当心爆炸物、当心易燃物（见图 2.4）。

2.1.4.5　方向辅助标志

方向辅助标志主要包括疏散方向、火灾报警装置或者灭火设备的方位等标志（见图 2.5）。

禁止吸烟
NO SMOKING

表示禁止吸烟

禁止烟灭
NO BURNING

表示禁止吸烟或各种形式的明火

禁止燃放鞭炮
NO FIREWORKS

表示禁止燃放鞭炮或焰火

禁止用水灭火
DO NOT EXTINGUISH WITH WATER

表示禁止用水作灭火剂或用水灭火

禁止锁闭
DO NOT LOCK

表示禁止锁闭的指定部位(如疏散通道和安全出口的门)

禁止放易燃物
NO FLAMMABLE MATERIALS

表示禁止存放易燃物

	禁止阻塞 DO NOT OBSTRUCT		当心氧化物 WARNING OXIDIZING SUBSTANCE
	表示禁止阻塞的指定区域(如疏散通道)		警示来自氧化物的危险
	当心爆炸物 WARNING EXPLOSIVE MATERIALS		当心易燃物 WARNING FLAMMABLE MATERIALS
	警示来自爆炸物的危险,在爆炸物附近或处置爆炸物时应当心		警示来自易燃物质的危险

图 2.4 禁止和警告标志

	疏散方向 DIRECTION OF ESCAPE		火灾报警装置或灭火设备的方位 DIRECTION OF FIRE ALARM DEVICE OR FIRE-FIGHTING EQUIPMENT
	指示安全出口的方向		指示火灾报警装置或灭火设备的方位

图 2.5 方向辅助标志

2.2 火灾的预防与处理

2.2.1 预防火灾的基本措施

(1) 控制可燃物

在选取材料时,尽量用难燃或不燃的材料代替可燃材料;对于具有火灾危险性的实验,采用排风或通风方法降低可燃气体、粉尘和蒸汽在空气中的浓度，进行加热和燃烧实验时，要求严格规范操作；控制危险化学品的存量，分类存放，例如易燃剂和强氧化剂分开放置等。

（2）隔绝空气

使用易燃易爆试剂的实验可在密封的设备中进行，并严禁在燃烧的火焰附近转移或添加易燃溶剂；对某些异常危险的实验，可充装惰性气体保护；易挥发的可燃性废液只能倒入水槽，并立刻用水冲去；可隔绝空气储存某些危险化学品，如金属钠存于煤油中，黄磷存于水中等。

（3）清除火源

可燃废物如浸过可燃性液体的滤纸、棉花等，不得倒入废物箱内，应及时处理。不得把燃着的或带有火星的火柴梗投入废物箱。实验室要经常备有沙桶、灭火器等防火器材。同时可采取隔离或远离火源、大型仪器接地、高层建筑避雷等措施，防止可燃物遇明火或温度升高而引起火灾。

（4）阻止火势或爆炸波的蔓延

为了防止火势、爆炸蔓延，要防止新的燃烧条件形成。在易燃易爆化学物品储存仓库之间、油罐之间留出适当的防火间距。设置防油堤、防液堤、防火水封井、防火墙；在建筑物内设防火分区、防火门窗等。在有可燃气体、液体蒸气和粉尘的实验室设泄压门窗、轻质屋顶；在有放热、产生气体、形成高压的反应器上安装安全阀、防爆片；在燃油、燃气、燃煤类的燃烧室外壁或底部设置防爆门窗、防爆球阀；在易燃物料的反应器、反应塔、高压容器顶部装设放空管等。

2.2.2　发生火灾后应采取的措施

第一发现人立即就近按下火警按钮报警，然后再向消防值班人员说明事故情况。根据事故灾情严重程度，决定是否需要外部援助。明确火灾周围环境，判断是否有重大危险源分布及是否会带来次生灾难。灭绝一切可能引发火灾和爆炸的火种，如易燃易爆化学危险品、压力容器等危险物质；关闭室内电闸以及各种气体阀门；对密封条件较好的小面积室内火灾，在未做好灭火准备前应先关闭门窗，以阻止新鲜空气进入，防止火灾蔓延。根据火灾的性质、类别选用如灭火器、消防栓等灭火器材进行灭火等。如果火势较大，应尽快撤离，由专业消防人员灭火。

2.2.3　火灾预警和报警

火灾自动报警系统是由触发器件、火灾报警装置以及具有其他辅助功能的装置组成的火灾报警系统。它能够在火灾初期，将燃烧产生的烟雾、热量和光辐射等物理量，通过感温、感烟和感光等火灾探测器变成电信号，传输到火灾报警控制器，并同时显示出火灾发生的部位，记录火灾发生的时间。一般火灾自动报警系统和自动喷水灭火系统、室内外消火栓系统、防排烟系统、通风系统、空调系统、防火门、防火卷帘、挡烟垂壁等相关设备联动，自动或手动发出指令、启动相应的装置。

火灾触发器件是指通过自动或手动方式向火灾报警控制器传送火灾报警信号的器件，包括火灾探测器和手动火灾报警按钮。手动火灾报警按钮是以手动方式发出报警信号、启动火灾自动报警系统的器件，是火灾自动报警系统的重要组成部分。一般设置在公共活动场所出入口处距地面高度约为 1.3～1.5m 的墙面上。火灾发生，压下按钮即可向火灾报警控制器发出报警信号。系统响应后，火警灯即亮，控制器发出声光报警并显示出火灾报警按钮的位置。

火灾探测器是火灾自动报警系统的"感觉器官"，是通过监测火灾发生后火灾参数的变化向控制器传递报警信号的一种器件。火灾探测器可分为感温式、感烟式、感光式、可燃气体式和复合式五种。不同类型的火灾探测器适用于不同类型的火灾和场所，其中感温式和感烟式是我国用量较大的两种探测器。

① 感温式火灾探测器　这是一种响应异常温度、升温速率和温差的火灾探测器。感温探测器利用感温元件接收被监测环境或物体对流、传导、辐射传递的热量，并根据测量、分析的结果判定是否发生火灾。感温探测器比较稳定，不受非火灾性烟尘雾气等干扰，误报率低，可靠性高。感温探测器按其性能可分为定温式、差温式、差定温式探测器。定温式火灾探测器是一种对警戒范围内某一点的温度达到或超过预定值时响应的火灾探测器，常用的有双金属型、易熔合金型和热敏电阻型等类型。定温式火灾探测器一般适用于环境温度变化较大或环境温度较高的场所。差温式火灾探测器是当环境的升温速度超过特定值时，便会感应报警的一种探测器。差温式火灾探测器适用于火灾发生后温度变化较快的场所。

② 感烟式火灾探测器　它是用于探测火灾初期的烟雾浓度的变化，并发出报警信号的探测器。感烟式火灾探测器可分为点型火灾探测器和线型火灾探测器，其中，点型火灾探测器又包括离子感烟探测器和光电感烟探测器，线型火灾探测器又包括红外光束感烟探测器和激光感烟探测器。

离子感烟探测器（见图 2.6）中有一个电离室和放射源，放射源电离产生的正、负离子，在电场的作用下各向负、正电极移动，一旦有烟雾窜进外电离室，干扰了带电粒子的正常运行，使电流、电压有所改变，破坏了内、外电离室之间的平衡，探测器就会对此产生感应，发出报警信号。光电感烟探测器有一个发光元件和一个光敏元件，从发光元件发出的光通过透镜射到光敏元件上，电路维持正常。如有烟雾从中阻隔，到达光敏元件上的光就会显著减弱，于是光敏元件就把光强的变化转换成电流的变化，通过放大电路发出报警信号。红外光束感烟探测器利用烟雾离子吸收或散射红外光束的原理对火灾探测器进行检测。正常情况下，发射器发出的红外线光束被接收器接收，当有火情时，烟雾扩散至红外线光束通过的空间，对红外线光束起到吸收和散射的作用，使接收器接收的光信号减少，从而发出火灾报警信号。激光感烟探测器利用光电感应原理，不同的是光源改为激光

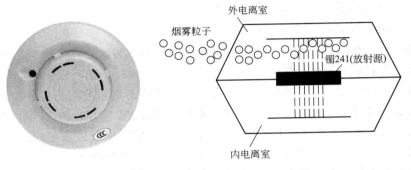

图 2.6　离子感烟探测器及其作用原理

束。这种探测器采用半导体元件，具有体积小、价格低、耐震强、寿命长等特点。感烟式火灾探测器主要适用于发生火灾后产生烟雾较大或可能产生阴燃的场所，如办公室、机房、库房、资料室等。在实验室配置时，可根据实验室的类型、存放物品的性质等选择探测器的类型，以保证有效快速地探测火情。

2.3 灭火原理与常见灭火器

2.3.1 灭火的基本原理

灭火的基本原理归纳为以下四个方面：冷却、窒息、隔离和化学抑制。

（1）冷却灭火

对一般可燃物来说，能够持续燃烧的条件之一就是它们在火焰或热的作用下达到了各自的着火温度。因此，对一般可燃物火灾，将可燃物冷却到其燃点或闪点以下，燃烧反应就会终止。水的灭火机理主要是冷却作用。

（2）窒息灭火

各种可燃物的燃烧都必须在其最低氧气浓度以上进行，否则燃烧不能持续进行。因此，通过降低燃烧物周围的氧气浓度可以起到灭火的作用。通常使用的二氧化碳、氮气、水蒸气等的灭火机理主要是窒息作用。

（3）隔离灭火

把可燃物与引火源或氧气隔离开来，燃烧反应就会自动终止。火灾中，关闭有关阀门，切断流向着火区的可燃气体和液体的通道；打开有关阀门，使已经发生燃烧的容器或受到火势威胁的容器中的液体可燃物通过管道导至安全区域，都是隔离灭火的措施。

（4）化学抑制灭火

就是使灭火剂与链式反应的中间体自由基反应，使燃烧的链式反应中断，使燃烧不能持续进行。常用的干粉灭火剂、卤代烷灭火剂的主要灭火机理就是化学抑制作用。

2.3.2 消火栓系统

消火栓系统是一种使用广泛的消防系统，按安装位置可分为室内消火栓系统和室外消火栓系统。

2.3.2.1 室内消火栓

室内消火栓是建筑物内一种最基本的消防灭火设备，主要由室内消火栓、消防水箱、消防水泵、消防水泵房等组成（见图 2.7）。

室内消火栓设在消火栓箱内，是一种箱状固定式消防装置，具有给水、灭火、控制和报警灯功能，由箱体、消火栓按钮、消火栓接、水带、水枪、消防软管卷盘及电器设备等组成。室内消火栓按安装方式不同可分为明装式、暗装式和半暗装式三种类型。室内消火栓应设在走道、楼梯口、消防电梯等明显、易于取用的地点附近。消火栓栓口离地面或操作基面高度宜为 1.1m。栓口与消火栓内边缘的距离不应影响消防水带的连接。其出水方向宜向下或与设置消火栓的墙面成 90°角。室内消火栓安装时应保证同层任何位置两个消火栓的水枪充实水柱同时到达，水枪的充实水柱经计算确定。同一建筑物内应采用统一规

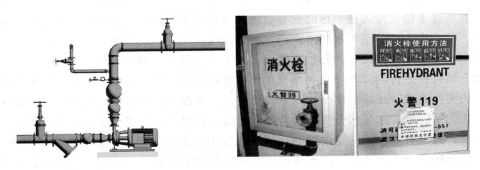

图 2.7　消防水泵系统和室内消火栓

格的消火栓、水枪、水带，每根水带的长度不应超过 25m。消火栓箱内的消火栓按钮具有向报警控制器报警和直接启动消防水泵的功能。现场人员可通过击碎按钮上的玻璃，按下按钮向控制器报警并启动消防水泵。

当有灾情发生时，根据消火栓箱门的开启方式用钥匙开启箱门或击碎门玻璃，扭动锁头打开。如果消火栓没有紧急按钮，应将其下的拉环向外拉出，再按顺时针方向转动旋钮。打开箱门后取下水枪，按动水泵启动按钮，旋转消火栓手轮，铺设水带进行射水灭火。

室内消火栓的检查：检查栓内配件是否齐备、完好，并填写《消防栓检查表》；检查栓门把手是否完好，栓门开关有无卡销、锁、玻璃有无损坏；指示灯、报警按钮、警铃是否齐全，有无脱落；栓门是否完好。室内消火栓的保养：完成月保养中的所有内容；开栓门检查水带有无破损、发黑、发霉现象。如有，应立即进行修补、清洗或更换；水带展开并交换折边后，重新卷起；检查水枪头与水带，水带与水龙头之间的连接是否方便可靠，如有缺损，应及时修复；清除栓内阀门阀口附近锈渣，将阀杆上油防锈；将栓内清扫干净，部件存放整齐后，关上栓门。

除了室内消火栓，消防水箱、消防水泵和消防水泵房等也是常见的消防设施。消防水箱可分区设置，一般设在建筑物的最高部位，是保证扑救初期火灾用水量的可靠供水设施。消防水箱储水量根据实验面积计算确定。消防水泵为室内消火栓的核心系统。消防水泵的配置必须考虑水泵的压力、电源的配置等因素，以保证有火灾时，随时可以供水。独立设置的消防水泵房，其耐火等级不应低于二级。在高层建筑内设置消防水泵房时，应采用耐火极限不低于 2.0h 的隔墙和 1.5h 的楼板与其他部位隔开，并应设甲级防火门。当消防水泵房设在首层时，其出口宜直通室外。当设在地下室或其他楼层时，其出口应直通安全出口。消防水泵房设置在首层时，其疏散门宜直通室外；设置在地下层或其他楼层上时，其疏散门应靠近安全出口。消防水泵房的门应采用甲级防火门。

2.3.2.2　室外消火栓

室外消火栓的任务就是为消防车等消防设备提供消防用水，或通过进户管为室内消防给水设备提供消防用水，应满足火灾扑救时各种消防用水设备对水量、水压、水质的基本要求。室外消火栓可分为地上消火栓和地下消火栓两种，地上消火栓适用于气候温暖的地区，而地下消火栓适用于气候寒冷的地区。

地上消火栓由栓帽、阀杆、出水口、排水口、链条、栓体、安全螺帽、自动排水阀等几部分构成，在消防系统中是最常用的。发生火灾后，要马上把消火栓箱打开，取出消防水袋，并且按下消火栓按钮，这时就会启动消火栓增压泵，消火栓阀门会被打开，灭火功能开启。地上消火栓的使用场所很广泛，比如学校、工厂、医院等，地上消火栓使用很方便，效率很高。地上消火栓的安装要醒目，便于人们寻找，便于操作。

地上消火栓进行的日常维护和保养工作主要有以下几项：地上消火栓的保养要定期进行，外表要注意进行油漆的防腐，时刻保持醒目。定期进行排水操作检查，要让消火栓的开启和关闭都有效，水压水量都要符合正常范畴。每月和重大节日之前，应对消火栓进行一次检查；及时清除启闭杆端周围的杂物；将专用消火栓钥匙套于杆头，检查是否合适，并转动启闭杆，加注润滑油；用纱布擦除出水口螺纹上的积锈，检查闷盖内橡胶垫圈是否完好；打开消火栓，检查供水情况，要放净锈水后再关闭，并观察有无漏水现象，发现问题及时检修。

地下消火栓和地上消火栓的作用相同，都是为消防车及水枪提供高压供水，所不同的是地下消火栓安装在地面下。正是因为这一点，地下消火栓不易冻结，也不易被损坏。地下消火栓的使用可参照地上消火栓进行。但由于地下消火栓目标不明显，故应在地下消火栓附近设立明显标志。使用时，打开消火栓井盖，拧开出水口闷盖，接上消火栓与吸水管的连接口或接水带，用专用扳手打开阀塞即可出水，使用后要恢复原状。

2.3.3 灭火器

灭火器是常见的防火设施之一，存放在公共场所或可能发生火灾的地方，不同种类的灭火器内装填的成分不一样，用于不同起因的火灾。常见的灭火器和灭火器箱见图 2.8。

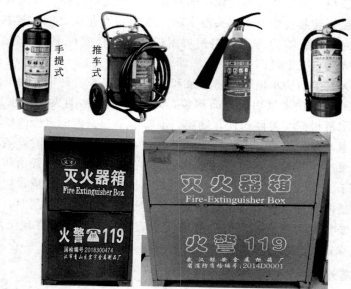

图 2.8 常见的灭火器和灭火器箱

灭火器的种类很多，按其移动方式可分为手提式和推车式两种。按驱动灭火剂的动力来源可分为储气瓶式、储压式和化学反应式三种。按所充装的灭火剂不同则又可分为干粉灭火器、二氧化碳灭火器和泡沫灭火器等。

2.3.3.1 干粉灭火器

（1）灭火原理

干粉灭火器内充装的是干粉灭火剂。干粉灭火器用于干燥且易于流动的细微粉末的灭火，由具有灭火效能的无机盐和少量的添加剂经干燥、粉碎、混合而成。现有常见的干粉灭火器主要有两种：ABC 干粉灭火器（灭火剂的主要成分是磷酸铵盐）和 BC 干粉灭火器（灭火剂的主要成分是碳酸氢钠）。干粉灭火剂主要通过在加压气体作用下喷出的粉雾与火焰接触、混合时发生的物理、化学作用灭火：干粉射向燃烧物时，粉粒消耗燃烧过程中燃料所产生的自由基或活性基团，抑制燃烧反应而灭火；干粉的粉末落在可燃物表面外，起到部分稀释氧和冷却作用。

（2）适用范围

ABC 干粉灭火器适用范围比较广，可扑救 A 类火灾、B 类火灾、C 类火灾、E 类火灾。BC 干粉灭火器能扑救 B 类火灾、C 类火灾、E 类火灾。干粉灭火器灭火效率高、速度快，一般在数秒至十几秒之内可将初起小火扑灭，但对自身能够释放氧或提供氧源的化合物火灾，钠、钾、镁、锌等金属火灾（D 类火灾），一般固体的深层或潜伏火以及大面积火灾现场达不到满意的灭火效果。

（3）使用方法

干粉灭火器最常用的开启方法为压把法，将灭火器提到距火源适当距离后，先上下颠倒几次，使筒内的干粉松动，然后让喷嘴对准燃烧最猛烈处，拔去保险销，压下压把，灭火剂便会喷出。另外还可用旋转法。开启干粉灭火棒时，左手握住其中部，将喷嘴对准火焰根部，右手拔掉保险卡，顺时针方向旋转开启旋钮，打开贮气瓶，滞时 1～4s，干粉便会喷出灭火。

推车式干粉灭火器与普通干粉灭火器相比，灭火剂量大，具有移动方便、操作简单、灭火效果好的特点。使用推车式干粉灭火器时，先取下喷枪，展开出粉管，提起进气压杆，使二氧化碳气体进入储罐。当表压升至 0.7～1.1MPa 时（0.8～0.9MPa 灭火效果最佳），放下压杆停止进气。同时两手持喷枪，枪口对准火焰边沿根部，扣动扳机，干粉即从喷嘴喷出，由近至远灭火。如扑救油火时，应注意干粉气流不能直接冲击油面，以免油液激溅引起火灾蔓延。

2.3.3.2 二氧化碳灭火器

（1）灭火原理

二氧化碳灭火器主要依靠窒息作用和部分冷却作用灭火。二氧化碳具有较高的密度，约为空气的 1.5 倍。在常压下，液态的二氧化碳会立即气化，一般 1kg 液态二氧化碳可产生约 0.5m³ 的气体。因而，灭火时，二氧化碳气体可以排除空气而包围在燃烧物体的表面或分布于较密闭的空间中，降低可燃物周围或防护空间内的氧浓度，当空气中二氧化碳的浓度达到 30%～35% 或氧气含量低于 12% 时，大多数燃烧就会停止。另外，二氧化碳从储存容器中喷出时，会由液体迅速气化成气体，而从周围吸收部分热量，起到冷却的作用。

（2）适用范围

主要适用于扑灭 B 类火灾、C 类火灾、E 类火灾、F 类火灾。还可扑救仪器仪表、图书档案、工艺器具和低压电器设备等的初起火灾。二氧化碳灭火器灭火速度快、无腐蚀性、灭火不留痕迹，特别适用于扑救重要文件、贵重仪器、带电设备（600V以下）的火灾。二氧化碳灭火器不能扑救内部阴燃的物质、自燃分解的物质火灾及D类火灾，因为有些活泼金属可以夺取二氧化碳中的氧使燃烧继续进行。

（3）使用方法

先拔出保险销，一只手压合压把，同时另一只手将喷嘴对准火焰根部喷射。二氧化碳灭火器在喷射过程中应保持直立状态，不可平放或颠倒使用。二氧化碳灭火器有效喷射距离较小，灭火时一般不超过2m。使用时要尽量防止皮肤因直接接触喷筒和喷射胶管而造成冻伤。扑救电器火灾时，如果电压超过600V，切记先切断电源再灭火。在室外使用二氧化碳灭火器时，应选择上风方向喷射；在室内窄小空间使用时，灭火后操作者应迅速离开，以防窒息。

2.3.3.3 泡沫灭火器

凡是能与水混溶，并可通过化学反应或机械方法产生泡沫的灭火器均称为泡沫灭火器，泡沫灭火器一般由发泡剂、泡沫稳定剂、降黏剂、抗冻剂、助溶剂、防腐剂及水组成，按泡沫产生的机理可分为化学泡沫灭火器和空气泡沫灭火器。

化学泡沫灭火器通过两种药剂的水溶液发生化学反应产生灭火泡沫。空气泡沫灭火器通过泡沫灭火剂的水溶液与空气在泡沫产生器中进行机械混合搅拌而生成灭火泡沫，泡沫中所含的气体一般为空气。空气泡沫灭火器可分为蛋白泡沫灭火器、氟蛋白泡沫灭火器、水成膜泡沫灭火器和抗溶性泡沫灭火器等。

（1）灭火原理

泡沫喷在着火液体上后，能浮在液面起覆盖作用，可使燃烧物表面与空气隔离，达到窒息灭火的目的；泡沫是热的不良导体，有隔热作用，又具有吸热性能，可以吸收液体的热量，使液体表面温度降低，蒸发速度减慢。

（2）适用范围

蛋白泡沫灭火器、氟蛋白泡沫灭火器、水成膜泡沫灭火器适用于扑救A类火灾和B类中的非水溶性可燃液体的火灾，不适用于扑救D类火灾、E类火灾以及遇水发生燃烧爆炸的物质的火灾。抗溶性泡沫灭火器主要应用于扑救乙醇、甲醇、丙酮、乙酸乙酯等一般水溶性可燃液体的火灾，不宜于扑救低沸点的醛、醚以及有机酸、氨类等液体的火灾。

（3）使用方法

泡沫灭火器使用方法与干粉灭火器和二氧化碳灭火器有所不同。使用时右手托着压把，左手托着灭火器底部，轻轻取下灭火器，右手捂住喷嘴，左手执筒底边缘，把灭火器颠倒过来呈垂直状态，用劲上下晃动几下，然后放开喷嘴。在泡沫喷射过程中，应一直紧握开启压把，不能松开，而且不要将灭火器横置或倒置，以免中断喷射，右手抓筒耳，左手抓筒底边缘，把喷嘴朝向燃烧区，站在离火源8m的地方喷射，并不断前进，兜围着火焰喷射，直至把火扑灭。灭火后，把灭火器卧放在地上，喷嘴朝下。灭火器颠倒后，没有泡沫喷出，应将筒身平放地上，疏通喷嘴，切不开旋开筒盖，以免筒盖飞出伤人；容器内部的易燃液体着火，不要将泡沫直接喷向液面上，应将泡沫喷到容器壁上，使其平稳地覆盖在液面上，以减少液面搅动，同时能尽快形成泡沫层，此时也可用水冷却容器的外壁周围。

2.3.3.4 声波灭火器

声音以波的形式传播，波只是介质中的一种压力振动。振动从声源处开始传播，不断循环往复地导致空气变疏和变密，从而在空气中形成疏密相间，或者高低压相间的纵波形式向前传播。根据理想气体定律：$pV = nRT$，气体的温度、压力和体积是相互联系的，因此空气局部压力的降低会导致局部的空气温度降低，火焰就会因焰心处的温度过低而熄灭。这与风吹熄火焰的道理其实是相似的。同时，实验证明火焰熄灭的难易与声音的频率密切相关，有研究者试验了 5Hz 到几百赫兹的声音后，发现，40～50Hz 的声音熄灭火焰最有效。而且声音的强度越高，声波的高压波峰与低压波谷之间的差别（振幅）越大，火焰越容易熄灭。

（1）灭火原理

电路控制技术：波的强度及频率对声波的灭火能力影响巨大，为了达到最好的灭火效果，需要以单片机为核心，设计一个控制电路，用于实现对输出声波强度及频率的控制。振荡电路设计与声电转化电路：为了产生频率及强度稳定的声波信号，需要设计一个振荡电路，用于产生稳定的电信号，然后通过电声转换器，将电信号转换成声波信号。电量显示：为实现声波灭火器"便携"的特点，该灭火器将采用电池对其进行供电，需要使用单片机设计一个监控电路，通过显示屏显示电池的电量。腔体的设计：腔体的设计对声波的传播有着重要的影响。首先，腔体材料不同，其材料密度的不同，对声音的传播就有着不同的影响。目前，市场上用于制作腔体的材料主要有金属、塑料以及木材三大类，其中，以金属材料最好，因为它的密度较大，声音在其中传播时，引起腔体震动所产生的干扰较小。除此之外，腔体的形状设计也很重要。由于声波灭火器用于快速扑灭火灾，因此应尽可能地汇聚灭火器所产生的声波，使其作用于火灾，使灭火器的灭火效率最大化。

（2）优点

①方便，相较于传统灭火器，声波灭火器不需要存储灭火剂的容器，这使得它的质量减轻了很多，同时，该灭火器只需要按开关使设备工作，就能用来灭火，相对于传统灭火器来说，更加快捷。②环保，由于该灭火器是通过发声来灭火的，并没有喷射灭火剂，因此更加环保。③无害，空气是无处不在的，用空气来灭火，不会造成灭火剂残留，能够很好地减少灭火时产生的二次伤害。综上所述，声波灭火器存在很高的应用价值。

2.3.3.5 灭火器的选择

应根据配置场所的危险等级和可能发生的火灾的类型等因素确定灭火器的类型。如BC 干粉灭火器不能扑灭 A 类火灾，二氧化碳灭火器不能用于扑灭 D 类火灾。虽然有几种类型的灭火器均可用于扑灭同一类火灾，但灭火有效程度有很大差异：二氧化碳和泡沫灭火器用量较大，灭火时间较长；干粉灭火器用量较少，灭火时间很短；卤代烷灭火器用量适中，时间稍长于干粉。配置时可根据场所的重要性、对灭火速度要求的高低等方面综合考虑。为了保护贵重仪器设备与场所免受不必要的污渍损失，灭火器的选择还应考虑其对被保护物品的污损程度。例如，在专用的计算机机房内，要考虑被保护的对象是计算机等精密仪表设备，若使用干粉灭火器灭火，肯定能灭火，但其灭火后所残留的灭火剂对电子元器件则有一定的腐蚀作用和粉尘污染，而且也难以清洁。水型灭火器和泡沫灭火器灭火后对仪器设备也有类似的污损。此类场所发生火灾时应选用二氧化碳灭火器，灭火后不仅没有任何残迹，而且对贵重、精密设备也没有污损、腐蚀作用。此外，对 D 类火灾即金属燃烧的火灾，我国还没有特定的灭火器产品，可采用干沙或铸铁屑末，国外主要用粉状石墨灭火器和灭金属火灾的专用干粉灭火器。

2.3.3.6　灭火器的放置和配置要求

灭火器应放置在显眼、容易取到且不影响安全疏散的地方，要防止放置位置离起火点太近，起火后被火包围取不到，或放得太远而延误灭火。对有视线障碍的放置点，应有指示灭火器位置的发光标志。放置点不得有阻碍取用灭火器的物件，可使灭火人员减少因寻找灭火器所花费的时间，及时有效地将火灾扑灭在初期阶段。

灭火器的铭牌应朝外，器头宜向上，使人们能直接观察到灭火器的主要性能指标。手提式灭火器相距不能超过 20m，顶部离地面不应高于 1.5m，底部离地面不宜低于 0.08m，宜设置在挂钩、托架上或灭火器箱内。设置在室外的灭火器应有防湿、防寒、防晒等保护措施。

灭火器设置点的环境温度对灭火器的喷射性能和安全性能均有明显影响。若环境温度过低，则灭火器的喷射性能显著降低，影响灭火效能；若环境温度过高，则灭火器内压增加，灭火器有爆炸伤人的危险。

一个计算单元内配置的灭火器数量不得少于 2 具，每个设置点的灭火器数量不宜多于 5 具。根据消防实战经验和实际需要，在已安装消火栓系统、固定灭火系统的场所，可根据具体情况适量减配灭火器。设有消火栓的场所，可减配 30% 的灭火器；设有固定灭火系统的场所，可减配 50% 的灭火器；同时设有消火栓和固定灭火系统的场所，可减配 70% 的灭火器。

2.3.3.7　灭火器的检查

灭火器检查主要包括：灭火器压力表的外表面是否有变形、损伤等缺陷，否则应更换压力表；压力表的指针是否指在绿区（绿区为设计工作压力值），否则应充装驱动气体，一般情况下，灭火器在出厂 5 年内、压力表指示正常情况下不需要进行充灌或更换，出厂超过 5 年的灭火器，无论压力表指示是否正常，每年均需充灌一次或进行检查和更换；灭火器喷嘴是否有变形、开裂、损伤等缺陷，否则应予以更换；灭火器的压把、阀体等金属件不得有严重损伤、变形、锈蚀等影响使用的缺陷，否则必须更换；筒体严重变形的、筒体严重锈蚀（漆皮大面积脱落，锈蚀面积大于、等于筒体总面积的三分之一者）或连接部位、筒底严重锈蚀必须报废；灭火器的橡胶、塑料件不得变形、变色、老化或断裂，否则必须更换。

练　习

选择题

1. 精密仪器着火后，应使用（　　）进行灭火。

A. 干粉灭火器　　　B. 二氧化碳灭火器　　　C. 泡沫灭火器　　　D. 消防栓

2. 下列灭火工具中，（　　）可用于防止火灾中的热辐射伤害。

A. 消防沙箱　　　B. 消火栓　　　C. 泡沫灭火器　　　D. 灭火毯

3. 灭火毯灭火的原理是（　　）。

A. 冷却灭火　　　B. 隔离灭火　　　C. 窒息灭火　　　D. 抑制灭火

4. 灭火器的压力指示表的压力指示为（　　　）时表示灭火器正常，可以使用。

A. 红色　　　　　　B. 黄色　　　　　　C. 绿色　　　　　　D. 黑色

5. 当灭火器长期失效完全没有压力时，压力表指针会自动回到（　　　）区域，这样的灭火器需要立即更换。

A. 绿色　　　　　　B. 红色　　　　　　C. 黄色　　　　　　D. 黑色

6. 当火灾处于发展阶段时，（　　　）是热传播的主要方式。

A. 热传导　　　　　B. 热蒸发　　　　　C. 热对流　　　　　D. 热辐射

7. 灭火器的压力表指针指向（　　　）区域时，表示灭火器罐内压力偏高。

A. 红色　　　　　　B. 黄色　　　　　　C. 绿色　　　　　　D. 黑色

8. 出厂超过（　　　）年以上的灭火器，无论压力表指示是否正常，每年均需充灌一次或进行检查和更换。

A. 5　　　　　　　　B. 6　　　　　　　　C. 8　　　　　　　　D. 10

9. 警告标识使用（　　　）标识。

A. 红色　　　　　　B. 黄色　　　　　　C. 蓝色　　　　　　D. 绿色

10. 以下属于指令标志的是（　　　）。

A. 　　　B. 　　　C. 　　　D.

11. 化学实验室有腐蚀性气体，配电导线以采用（　　　）线较合适。

A. 银芯　　　　　　B. 铝芯　　　　　　C. 锌芯　　　　　　D. 铜芯

12. 实验室常用的局部排风设施有各种排风罩、通风橱、药品柜、气瓶柜等，目前用得最多的是各种（　　　）。

A. 排风罩　　　　　B. 通风橱　　　　　C. 药品柜　　　　　D. 气瓶柜

13. 关于实验室用电安全，下面做法正确的是（　　　）。

A. 线路布置清楚，负荷合理　　　　　　B. 保险丝熔断后，可用铜线替代

C. 接地线接在水管上　　　　　　　　　D. 开启烘箱或马弗炉过夜

14. 热辐射是指以（　　　）形式传递热量的现象。

A. 电磁波　　　　　B. 温度　　　　　　C. 光　　　　　　　D. 热量

15. 热辐射传播的热量与火焰温度的（　　　）成正比。

A. 两倍　　　　　　B. 四次方　　　　　C. 平方　　　　　　D. 四倍

16. 火灾发展都有一个从小到大、逐步发展直至熄灭的过程，这个过程一般分为初期、发展、猛烈、下降和熄灭五个阶段。其中（　　　）阶段是扑救火灾的最佳阶段，灭火扑救的过程中，要抓紧时机，正确运用灭火原理，有效控制火势，力争将火灾扑灭在此阶段。

A. 初期　　　　　　B. 发展　　　　　　C. 猛烈　　　　　　D. 下降

17. 二氧化碳的灭火原理主要是（　　　）。

A. 冷却灭火　　　　B. 隔离灭火　　　　C. 窒息灭火　　　　D. 抑制灭火

18. 容器中的溶剂或易燃化学品发生燃烧应（　　　）进行处理。

A. 用干粉灭火器灭火　　　　　　　　　B. 加水灭火

C. 用不易燃的瓷砖、玻璃片盖住瓶口　　　　D. 用湿抹布盖住瓶口

19. 以下属于禁止标志的是（　　）。

A. 　　　　B. 　　　　C. 　　　　D.

20. 在对灭火器进行检查时，当压力表指针指向（　　）区域时表示灭火器罐内压力不足。

A. 绿色　　　　B. 黄色　　　　C. 红色　　　　D. 黑色

21. 关于冷却灭火，叙述正确的是（　　）。

A. 灭火剂参与燃烧的链式反应，形成稳定分子或低活性的自由基，使燃烧反应终止

B. 用惰性气体稀释空气中的氧含量，使燃烧物因缺乏或断绝氧气而熄灭

C. 将燃烧物与附近的可燃物隔离或分散开，使燃烧停止

D. 使可燃物质的温度降到燃点以下，使燃烧自动终止

22. 采取湿棉被、湿帆布等不燃或难燃材料覆盖燃烧物灭火运用了（　　）的原理。

A. 冷却灭火　　　　B. 隔离灭火　　　　C. 窒息灭火　　　　D. 抑制灭火

23. 用水灭火应用的是（　　）的原理。

A. 冷却灭火　　　　B. 隔离灭火　　　　C. 窒息灭火　　　　D. 抑制灭火

24. 在火灾中切断流向着火区域的可燃气体和液体，转移可燃物，拆除与火源毗连的易燃建筑物等运用的是（　　）的原理。

A. 冷却灭火　　　　B. 隔离灭火　　　　C. 窒息灭火　　　　D. 抑制灭火

25. 干粉灭火器和泡沫灭火器灭火运用的是（　　）的原理。

A. 冷却灭火　　　　B. 隔离灭火　　　　C. 窒息灭火　　　　D. 抑制灭火

26. （　　）适用于扑救各种易燃可燃的气体和液体火灾。

A. 干粉灭火器　　　　　　　　　B. 二氧化碳灭火器

C. 泡沫灭火器　　　　　　　　　D. 推车式干粉灭火器

27. 扑救各类油类火灾、木材、纤维以及橡胶等固体可燃物火灾时，最好使用（　　）。

A. 干粉灭火器　　B. 二氧化碳灭火器　　C. 泡沫灭火器　　D. 使用沙箱

28. 碱金属燃烧时，正确的处理方式是（　　）。

A. 马上使用灭火器灭火

B. 马上向燃烧处浇水灭火

C. 马上用石棉布或沙子盖住燃烧处，尽快移去临近其他溶剂，关闭热源和电源，再用灭火器灭火

D. 以上都不对

29. 发现火灾时，下列做法中错误的是（　　）。

A. 直接逃离现场　　　　　　　　B. 报警

C. 呼喊求救，告知附近人员　　　D. 灭火

30. 灭火时对火灾现场的物品破坏性最小的灭火器是（　　）。

A. 干粉灭火器   B. 二氧化碳灭火器

C. 泡沫灭火器   D. 推车式干粉灭火器

填空题

1. 按照防护部位及气源与呼吸器官连接的方式，可以将呼吸防护装备主要分为_____、口具式和面具式三类。

2. 消防水箱可分区设置，一般设在建筑物的_____部位，是保证扑救初期火灾用水量的可靠供水设施。

3. 燃烧的充分条件是_____、氧化剂和温度。

4. 火灾按燃烧现象来分类，可分为闪燃、爆燃和_____。

5. 实验室的窗户窗台以不低于_____为宜，窗户应大开窗，以便于通风、采光和观察。

6. 线型感烟式火灾探测器包括红外光束感烟探测器和_____。

7. _____是国家规定的火灾分类中的一类，比如钾、钠、镁、铝镁合金等引发的火灾。

8. 高校化学实验室在规划、新建、改建或扩建时，一般应重点考虑_____，通风与采光和门禁与监控系统。

9. _____的正面或其邻近，不得有妨碍视线的固定障碍物，并尽量避免被其他临时性物体遮挡。

10. 不同类型的火灾探测器适用于不同类型的火灾和场所，其中感温式和_____是我国用量较大的两种探测器。

11. 发生火灾时所造成的热传播有热传导、热对流、热辐射三种途径，热传导是影响初期火灾发展的最主要方式，其影响的主要因素是：温差、_____、高度及通风孔洞所在的高度。

12. 放置大型仪器的实验室的净层高为 3.0～4.5m，且一般设在_____。普通实验室的净层高在 3.8m 左右。

13. 一般情况下，灭火器在出厂_____年内、压力表指示正常情况下不需要进行充灌。

14. 泡沫灭火剂按泡沫产生的机理可分为_____和空气泡沫灭火剂。

15. 除了室内消火栓以外，_____、消防水泵和消防水泵房等也是常见的消防设施。

简答题

1. 目前已发现的爆炸性粉尘有哪几类？

2. 什么是隔离灭火？

3. 什么是可燃气体？

4. 什么是泡沫灭火剂？

答案：

选择题

1～5 BABCB   6～10 CBABC   11～15 DBAAD   16～20 ACADD

21～25 DBABD   26～30 ACCAB

填空题

1. 口罩式

2. 最高

3. 可燃物

4. 自燃

5. 1m

6. 激光感烟探测器

7. 金属火灾

8. 结构与设计

9. 警示标志

10. 感烟式

11. 通风孔洞的面积

12. 底层

13. 5

14. 化学泡沫灭火剂

15. 消防水箱

简答题

1. 金属类如镁粉、铝粉、锰粉；煤炭如活性炭、煤等；粮食如淀粉、面粉等；合成材料如染料、塑料；饲料如鱼粉、血粉；农副产品如烟草、棉花；林产品如纸粉、木粉等。

2. 把可燃物与引火源或氧气隔离开来，燃烧反应就会自动终止。火灾中，关闭有关阀门，切断流向着火区的可燃气体和液体的通道；打开有关阀门，使已经发生燃烧的容器或受到火势威胁的容器中的液体可燃物通过管道导至安全区域，都是隔离灭火的措施。

3. 可燃气体是指凡是遇火、受热或与氧化剂接触能燃爆的气体。气体的燃烧与液体和固体不同，不需要蒸发、熔化等过程，速度更快，而且容易爆炸。

4. 凡是能与水混溶，并可通过化学反应或机械方法产生泡沫的灭火剂均称为泡沫灭火剂。

第**3**章

化学实验室危险品安全

3.1 实验室危险化学品的危险特性及储存

《危险化学品安全管理条例》（国务院 591 号令，2011 年 12 月 1 日起实施）规定，危险化学品指具有毒害、腐蚀、爆炸、可燃等性质，对人体、设施和环境具有危害的剧毒化学品和其他化学品。

危险化学品在生产、储存、运输、销售和使用过程中，因其易燃、易爆、有毒、有害等危险特性，常会引发火灾和爆炸等危险事故，造成巨大的人员伤亡和财产损失。很多事故发生的原因是缺乏相关危险化学品安全基础知识，不遵守操作和使用规范，以及对突发事故苗头处理不当。高校化学学科相关的实验教学及科研活动中，不可避免地涉及危险化学品的储存、使用及安全管理。加强实验室危险化学品的严格管理和规范使用，保障人员及学校财产安全，防止发生环境污染及安全事故，建设和谐校园，是高校实验室管理的重要组成部分。因此，必须了解常见危险化学品的危险特性和储存等相关知识。本章对常见危险化学品的危险特性和储存注意事项进行了分类介绍，并叙述了易制毒化学品的存储和使用等安全管理方面的相关知识。

3.1.1 危险化学品的分类

常见危险化学品数量繁多，性质各异，每一种又往往具有多种危险属性，其中对人员、财产危害最大的危险属性称为主要危险性。化学品通常根据其主要危险性进行分类，采用"择重归类"原则。国家标准 GB 13690—2009《化学品分类和危险性公示 通则》将危险化学品分为三类：理化危险、健康危险和环境危险，每类又细分为数种至数十种小类。危险化学品储存的具体要求见图 3.1。

（1）理化危险化学品分类

一共可以分为 16 类：

① 爆炸物；

② 易燃气体；

分类	小类	爆炸性物品 点火器材	爆炸性物品 起爆器材	爆炸性物品 爆炸性药品	爆炸性物品 其他爆炸品	氧化剂 一级无机	氧化剂 一级有机	氧化剂 二级无机	氧化剂 二级有机	压缩气体和液化气体 剧毒	压缩气体和液化气体 易燃	压缩气体和液化气体 助燃	压缩气体和液化气体 不燃	自燃物品 一级	自燃物品 二级	遇水燃烧物品 一级	遇水燃烧物品 二级	易燃液体 一级	易燃液体 二级	易燃固体 一级	易燃固体 二级	毒害性物品 剧毒无机	毒害性物品 剧毒有机	毒害性物品 有毒无机	毒害性物品 有毒有机	腐蚀性物品 酸性 无机	腐蚀性物品 酸性 有机	腐蚀性物品 碱性 无机	腐蚀性物品 碱性 有机	放射性物品
爆炸性物品	点火器材	●																												
	起爆器材	●	●																											
	爆炸性药品	●	×	●																										
	其他爆炸品	●	×	×	●																									
氧化剂	一级无机	×	×	×	×	①																								
	一级有机	×	×	×	×	×	●																							
	二级无机	×	×	×	×	●	×	②																						
	二级有机	×	×	×	×	×	●	×	●																					
压缩气体和液化气体	剧毒	×	×	×	×	×	×	×	×	●																				
	易燃	×	×	×	×	×	×	×	×	×	●																			
	助燃	×	×	×	×	×	×	分	×	●	×	●																		
	不燃	×	×	×	×	分	消	分	分	●	●	●	●																	
自燃物品	一级	×	×	×	×	×	×	×	×	×	×	×	×	●																
	二级	×	×	×	×	×	×	×	×	×	×	×	×	×	●															
遇水燃烧物品	一级	×	×	×	×	×	×	×	×	×	×	×	×	×	×	●														
	二级	×	×	×	×	×	×	×	×	消	×	×	消	×	消	×	●													
易燃液体	一级	×	×	×	×	×	×	×	×	×	×	×	×	×	×	×	×	●												
	二级	×	×	×	×	×	×	×	×	×	×	×	×	×	×	×	×	●	●											
易燃固体	一级	×	×	×	×	×	×	×	×	×	×	×	×	×	×	×	×	消	消	●										
	二级	×	×	×	×	×	×	×	×	×	×	×	×	×	×	×	×	消	消	●	●									
毒害性物品	剧毒无机	×	×	×	×	分	×	分	分	分	分	分	分	×	分	消	消	消	消	分	分	●								
	剧毒有机	×	×	×	×	×	×	×	×	×	×	×	×	×	×	×	×	×	×	×	×	●	●							
	有毒无机	×	×	×	×	分	×	分	分	分	分	分	分	×	分	消	消	消	消	分	分	●	●	●						
	有毒有机	×	×	×	×	×	×	×	×	×	×	×	×	×	×	×	×	分	分	消	消	●	●	●	●					
腐蚀性物品	酸性 无机	×	×	×	×	×	×	×	×	×	×	×	×	×	×	×	×	×	×	×	×	×	×	×	×	●				
	酸性 有机	×	×	×	×	×	×	×	×	×	×	×	×	×	×	×	×	消	消	×	×	×	×	×	×	×	●			
	碱性 无机	×	×	×	×	分	消	分	消	分	分	分	分	分	分	消	消	消	消	分	分	×	×	×	×	×	×	●		
	碱性 有机	×	×	×	×	×	×	×	×	×	×	×	×	×	×	×	×	消	消	消	消	×	×	×	×	×	×	●	●	
放射性物品		×	×	×	×	×	×	×	×	×	×	×	×	×	×	×	×	×	×	×	×	×	×	×	×	×	×	×	×	●

说明：“●”符号表示可以混存；“×”符号表示不可以混存；“分”指应按化学品的分类进行分区分类贮存，如果物品不多或仓位不够时，因其性能并不相互抵触，也可以混存；“消”指两种物品性能并不相互抵触，但消防施救方法不同，条件许可时最好分存；“①”说明过氧化钠等氧化物不宜和无机氧化剂混存；②说明具有还原性的亚硝酸钠等亚硝酸盐类，不宜和其他无机氧化剂混存。

图 3.1 危险化学品禁忌物配存表

③ 易燃气溶胶；

④ 氧化性气体；

⑤ 压力下气体；

⑥ 易燃液体；

⑦ 易燃固体；

⑧ 自反应物质或混合物；

⑨ 自燃液体；

⑩ 自燃固体；

⑪ 自热物质和混合物；

⑫ 遇水放出易燃气体的物质或混合物；

⑬ 氧化性液体；

⑭ 氧化性固体；

⑮ 有机过氧化物；

⑯ 金属腐蚀物。

（2）健康危险化学品分类

一共可以分为 10 类：

① 急性毒性；

② 皮肤腐蚀/刺激；

③ 严重眼损伤/眼刺激；

④ 呼吸或皮肤过敏；

⑤ 生殖细胞致突变性；

⑥ 致癌性；

⑦ 生殖毒性；

⑧ 特异性靶器官系统毒性——一次接触；

⑨ 特异性靶器官系统毒性——反复接触；

⑩ 吸入危险。

（3）危险化学品分类储存

① 易制毒、易制爆化学品管理：落实"五双"即"双人保管、双人领取、双人使用、双把锁，双本账"的管理制度，剧毒品必须使用专用保险柜。

② 易爆品应与易燃品、氧化剂隔离存放，宜存于 20℃ 以下，最好保存在防爆试剂柜、防爆冰箱或经过防爆改造的冰箱内。

③ 腐蚀品应放在防腐蚀试剂柜的下层，或下垫防腐蚀托盘，置于普通试剂柜的下层。还原剂、有机物等不能与氧化剂、硫酸、硝酸混放。

④ 强酸（尤其是硫酸），不能与强氧化剂的盐类（如高锰酸钾、氯酸钾等）混放；遇酸可产生有害气体的盐类（如氰化钾、硫化钠、亚硝酸钠、亚硫酸钠等）不能与酸混放。

⑤ 易产生有毒气体（烟雾）或难闻刺激气味的化学品应存放在配有通风吸收装置的试剂柜内。

⑥ 钠、钾等碱金属应储存于煤油中；黄磷、汞应储存于水中。

⑦ 易水解的药品（如乙酸酐、乙酰氯、二氯亚砜等）不能与水溶液、酸、碱等混放。卤素（氟、氯、溴、碘）不能与氨、酸及有机物混放。

⑧ 氨不能与卤素、汞、次氯酸、酸等接触。

本书根据高校化学实验室具体情况，并考虑到读者使用习惯和实际应用的便捷性，综合了国家标准 GB 6944—2012《危险货物分类和品名编号》和 GB 13690—2009 分类方法，按主要危险性将高校化学实验室常见危险化学品分为以下几类进行介绍，包括爆炸物；危险气体和气溶胶；易燃物质；自燃、遇湿自燃、自热和自反应物质；氧化性物质和有机过氧化物；健康危害物质；腐蚀性物质；环境污染物；易制毒化学品。

3.1.2 危险化学品的安全标签

国家标准 GB/T 22234—2008《基于 GHS 的化学品标签规范》规定危险品在储存、运输、使用等过程中，必须根据联合国 GHS 规定的危害性类别和等级，使用对应的象形图、警示语、危害性说明做成安全标签。标签必要信息应有：①表示危害性的象形图；②警示语；③危害性说明；④注意事项；⑤产品名称；⑥生产商/供货商。

（1）表示危害性的象形图

GHS 中使用的标准象形图如表 3.1 所示。标签上的象形图不能与 GHS 中使用的标准象形图有显著差异。

表 3.1　GHS 中使用的标准象形图

名称（符号）	火焰	圆圈上的火焰	炸弹爆炸
象形图			
使用这种图形表示的危害性类别	可燃性气体、易燃性 易燃性压力下气体 易燃液体 易燃固体 自反应化学品 自燃液体和固体 自热化学品 遇水放出可燃性气体化学品 有机过氧化物	助燃性、氧化性气体类、氧化性液体、固体	火药类 自反应化学品 有机过氧化物
名称（符号）	腐蚀性	气体罐	骷髅
象形图			
使用这种图形表示的危害性类别	金属腐蚀物 皮肤腐蚀/刺激 对眼有严重的损伤、刺激性	压力下气体	急性毒性/剧毒

名称（符号）	感叹号	环境	健康有害性
象形图			
使用这种图形表示的危害性类别	急性毒性/剧毒 皮肤腐蚀性、刺激性 严重眼睛损伤/眼睛刺激性 引起皮肤过敏 对靶器官、全身有毒害性	对水生环境有害性	引起呼吸器官过敏 引起生殖细胞突变 致癌性 对生殖毒性 对靶器官、全身有毒害性 对吸入性呼吸器官有害

标签中使用的象形图为：在菱形（正方形）的白底上用黑色的符号，为了醒目，再用较粗的红线做边框。非出口用包装，其标签也可以使用黑线边框。

象形图的实例如图 3.2 所示。

（2）警示语

警示语用于表示危险有害严重性的相对程度、向使用者警告潜在危害性的语句。GHS 中使用的警示词有"危险（Danger）"和"警告（Warning）"，"危险"用于较严重的危害性等级，"警告"用于危害性较低的级别，危险性更低的等级也可不写警示语。

图 3.2　皮肤刺激性物质的象形图

（3）危害性说明

标签上的危害性说明与各类危害性及等级标准相对应，表示该产品危害性的性质和程度。

（4）注意事项

为了防止接触具有危害性的产品或不恰当地存放及处理而产生的危害，或者是为了将危险降低到最小，而应该采取的推荐措施，用文字（或象形图）表示。

（5）产品名称

GHS 规定标签上应有产品名称及其含有的危害性化学物质的名称。混合物或合金的标签上与健康危害有关的所有成分或合金元素也应表示出来。

产品的名称如下：

① 产品的名称或一般名称记载到标签上。该名称和 MSDS 的产品特定名称应一致。该物质或混合物如果符合联合国运输危险货物的标准手册，应在包装上同时标出联合国产品名称。MSDS 项目、记载内容以及全部构成可根据 JIS Z 7250。

② 标签上应包含化学物质的名称。

③ 混合物或者是合金的标签上，如果表示有急性毒性（剧毒）、皮肤腐蚀性、对眼有严重的损伤性、引起生殖细胞突变、致癌性、生殖毒害性、可引起皮肤过敏、可引起呼吸器官过敏或者对特定靶器官、全身有毒害性（TOST）等危害性时，与这些有关的所有成分或者合金元素的化学名称应在标签上表示出来。与皮肤刺激性、眼刺激性有关的所有成分或者合金元素，也可以记载到标签上。

（6）生产商/供货商

必须将物质或混合物的制造厂家或者供货商的名称在标签上表示出来。同时应标出其地址和电话号码。可能的话，紧急情况下的联系方也应记载在标签上。

使用 GHS 规范的危险化学品标签对于建立全球一致化的化学品分类体系，制定统一的危险公示制度（标签、安全数据单和易懂符号）具有重要意义。高校化学实验室在危险化学品的安全管理中，也应基于 GHS 的国家标准来进行，与联合国 GHS 规范接轨。

（7）货物运输象形图

危险化学品在运输时，其外包装也要求配置运输标志，其象形图与安全标签有一定差异，应按联合国《关于危险货物运输的建议书规章范本》（后文简称《规章范本》）要求严格执行。

3.1.3 实验室危险化学品的储存与管理

关于实验室危险化学品储存，至少要做到以下几点。

① 必须设置单独的储藏室或试剂柜来储存危险化学品，危险化学品的储存设施需要经过国家检测合格，符合行业标准，并设置明显的标识。

② 危险化学品的储存场所严禁明火作业。严禁吸烟，严禁堆放大量易燃、助燃物品，禁止进行可能产生火花、火星的各类实验操作。

③ 按照化学品的特性分类储存，不同类的化学试剂严禁放在一起，每日安排工作人员做好拿取记录，每个危险化学品进柜前应贴上标签和便签，轻拿轻放，避免碰撞摩擦发生泄漏、爆炸。

④ 危险化学品储放应放置于阴凉干燥通风处，远离火源，防止阳光暴晒。避免与人体直接接触。

⑤ 定期对危险化学品进行检查整理，过期或无法使用的化学品应及时处理。

3.1.3.1 危险化学品的存放要求

凡能互相起化学作用的药品都要隔离，对那些互相反应产生危险物、有害气体、火焰或爆炸等的药品，尤其要特别注意，以下药品必须隔离存放：

① 氧化剂与还原剂及有机物等不能混放。

② 强酸尤其是硫酸忌与强氧化剂的盐类（如高锰酸钾、氯酸钾等）混放；与酸类反应产生有害气体的盐类（如氰化钾、硫化钠、亚硝酸钠、亚硫酸钠等），不能与酸混放。

③ 易水解的药品（如乙酸酐、乙酰氯、二氯亚砜等）忌水、酸及碱。

④ 卤素（氟、氯、溴、碘）忌氨、酸及有机物。氨忌与卤素、次氯酸、酸类及汞等接触。许多有机物忌氧化剂、硫酸、硝酸及卤素，引发剂忌与单体混放、忌潮湿保存。

⑤ 易发生反应的易燃易爆品、氧化剂宜于 20℃ 以下隔离存放，最好保存在防爆试剂柜、防爆冰箱或经过防爆改造的冰箱内。

⑥ 易挥发药品应远离热源火源，于避光阴凉处保存，通风良好，不能装满。这类药品多属一级易燃物、有毒液体。对这类药品贮存要特别注意，最好保存在防爆冰箱内。

⑦ 腐蚀性液体应放在防腐蚀试剂柜的下层；或下垫防腐蚀托盘，置于普通试剂柜的下层。

⑧ 产生有毒气体或烟雾的药品应存放在通风橱中。

⑨ 剧毒化学品，只能存放在学校的剧毒化学品库中，实行"双人保管、双人领取、

双人使用、双人双锁保管，双本账"的五双制度。

⑩ 致癌药品应有致癌药品的明显标志，上锁，并做好相关使用记录。

⑪ 有特殊保管要求的物品，如，金属钠、钾等碱金属，储存于煤油中；黄磷，储存于水中。上述两种药物，很易混淆，要隔离贮存。苦味酸，宜水封保存。

3.1.3.2　危险化学品的管理

① 登记注册是化学品安全管理最重要的一个环节，其范围是国家标准《常用危险化学品的分类及标志》（GB 13690—2016）中所列的常用危险化学品。

② 分类管理实际上就是根据某一化学品的理化、燃爆、毒性、环境影响数据确定其是否是危险化学品，并进行危险性分类。主要依据《常用危险化学品的分类及标志》（GB 13690—2016）和《危险货物分类和品名编号》（GB 6944—2012）两个国家标准。

③ 安全标签是用简单、明了、易于理解的文字、图形表述有关化学品的危险特性及安全处置注意事项。安全标签的作用是警示能接触到此化学品的人员。根据使用场合，安全标签分为供应商标签和作业场所标签。

④ 安全技术说明书详细描述了化学品的燃爆、毒性和环境危害，给出了安全防护、急救措施、安全储运、泄漏应急处理、法规等方面的信息，是了解化学品安全卫生信息的综合性资料。主要用途是在化学品的生产企业与经营单位和用户之间建立一套信息网络。

⑤ 安全教育是化学品安全管理的一个重要组成部分，通过培训，能正确使用安全标签和安全技术说明书，了解所使用的化学品的燃烧爆炸危害、健康危害和环境危害；掌握必要的应急处理方法和自救、互救措施；掌握个体防护用品的选择、使用、维护和保养；掌握特定设备和材料如急救、消防、溅出和泄漏控制设备的使用。使化学品的管理人员和使用人员能正确认识化学品的危害，自觉遵守规章制度和操作规程，从主观上预防和控制化学品的危害。

⑥ 实验室内，危险化学品要指定专人负责，严格按类存放保管，建立健全发放、领取、使用、登记等规章制度。

⑦ 实验中尽量采用低毒或无毒化学试剂。使用有毒药品时，必须有两人以上同时在场，称量、配制溶液，并及时将包装品和容器处理干净。剧毒药品必须设置专用保险柜，双人双锁管理，同时要有消耗登记和签字。

⑧ 实验室应安装通风设施，使用易挥发物、有刺激性或有毒气体的实验必须在通风橱内进行，并对有害气体进行吸收处理后，再进行排放。

⑨ 在实验室无通风设施或通风不良的条件下，实验过程又有大量有害物质溢出时，实验人员应按规定使用防毒口罩或防毒面具，不得掉以轻心。

⑩ 废气、废物、废液应按照有关规定妥善处理，不得随意排放，不得污染环境；实验室危险化学品报废处理，应由使用单位提出申请报告，并详细列出待报废危险化学品清单，各院（系）主管领导签署意见后，送设备处按有关规定报批。

3.1.4　废弃危险化学品的处理

实验室必须有专人负责废弃危险化学品的处理工作。保卫处、设备处与实验室有关责任部门负责组织实验室废弃危险化学品的集中处理工作，监督、检查各使用单位的管理情况。处置废弃危险化学品，一定要依照固体废物污染环境防治法和国家有关规定执行，不得随意排放，污染环境。

3.1.5　危险化学品火灾的扑救

不同的危险化学品及其在不同情况下发生火灾时，其扑救方法差异很大，若处置不当，不仅不能有效扑灭火灾，反而会使灾情进一步扩大。此外，由于化学品本身及其燃烧产物大多具有较强的毒害性和腐蚀性，极易造成人员中毒、灼伤。

扑救化学品火灾时，应注意以下事项：
① 灭火人员不应单独灭火；
② 出口应始终保持清洁和畅通；
③ 要选择正确的灭火剂；
④ 灭火时还应考虑人员的安全。

3.2　爆　炸　物

3.2.1　概述

爆炸物指自身能够通过化学反应产生气体，其温度、压力和速度能对周围环境造成破坏的固体、液体或者固液混合物。烟火物质或混合物无论其是否产生气体都属于爆炸物。爆炸物在受热、摩擦、撞击等外界作用下可发生剧烈的化学反应，瞬时产生大量的气体和热量，使周围压力急剧上升，发生爆炸，对周围人员、物品、建筑和环境造成巨大破坏。所有储存和使用爆炸物的实验室要严格加强管理和防控，相关实验人员必须掌握基础的爆炸物安全知识，杜绝爆炸事故的发生。

爆炸物从组成上可分为爆炸化合物和爆炸混合物。爆炸化合物多具不稳定基团如硝基（—NO_2）、硝酸酯基（—ONO_2）、过氧基（—O—O—）、叠氮基（—N≡N≡N^-）、氯酸根（ClO_3^-）、高氯酸根（ClO_4^-）、亚硝基（—N≡O）、雷酸根（C≡N—O^-）等。化学实验室常见爆炸化合物有过氧化氢（H_2O_2）、高氯酸钾（$KClO_4$）、苦味酸等。爆炸混合物则由两种以上爆炸组分和非爆炸组分经机械混合而成，如硝铵炸药、黑索金、雷管炸药等。

最新国家标准 GB 30000.2—2013《化学品分类和标签规范　第 2 部分：爆炸物》按危险性将爆炸物分为六种类别。

（1）有整体爆炸危险的物质、混合物和制品

整体爆炸指瞬间引燃几乎所有装填物的爆炸。整体爆炸危险物包括 TNT（2,4,6-三硝基甲苯）、黑索金（环三亚甲基三硝胺）、硝铵炸药、苦味酸及其盐类、硝酸甘油、三硝基苯、无烟火药、黑火药及其制品等。此类爆炸物主要用于煤矿企业爆破工程、开采矿山、火箭燃料等，化学实验室除苦味酸偶用于分析实验外，其余少见。

（2）有迸射危险但无整体爆炸危险的物质、混合物和制品

此类爆炸物包括火箭弹头、炸弹、催泪弹药、白磷燃烧弹药、空中照明弹、爆炸管、燃烧弹、烟幕弹、催泪弹、毒气弹等，导爆索、摄影闪光弹、闪光粉、不带雷管的民用炸药、民用火箭等。

（3）有燃烧危险和较小的爆轰危险或较小的迸射危险或两者兼有，但无整体爆炸危险的物质、混合物及制品

二亚硝基苯、无烟火药、硝基芳香族衍生物钠盐、导火索、点火管、点火引信、苦氨酸、乙醇含量＞25％或增塑剂含量＞18％的硝化纤维素、礼花弹等均属此项。

（4）不存在显著爆炸危险的物质、混合物和制品

此类爆炸物的爆炸危险性较小，被点燃或引爆时危险作用大部分局限在包装件内部，而对包装件外部无重大危险，射出碎片不大、射程不远，外部火烧不会引起全部内装物的瞬间爆炸，如烟花、爆竹、鞭炮、火炬信号、5-巯基四唑并-1-乙酸、四唑乙酸等。

（5）有整体爆炸危险的本身非常不敏感的物质或混合物

该类物质性质比较稳定，在着火实验中不会爆炸，包括具有整体爆炸危险但在正常运输条件下引爆或从燃烧转爆炸的可能性极小的极不敏感的物质。

（6）极不敏感且无整体爆炸危险的物品

本类爆炸物仅含极不敏感爆轰物质或混合物和那些被证明意外引发的可能性几乎为零的物品。

3.2.2 爆炸物的危险特性

（1）强爆炸性

爆炸品具有化学不稳定性，在一定外界力作用下，能以极快速度发生猛烈的化学反应，产生大量气体和热量，使周围的温度迅速升高并产生巨大的压力而引起爆炸。

（2）强危害性

爆炸品爆炸后可产生危害性极强的冲击波、碎片冲击、震荡作用等。大型爆炸往往具有毁灭性的破坏力，并可在相当大的范围内造成危害，导致人员和财产诸方面重大损失。爆炸常意外突发，在瞬间完成，产生的高温辐射还可能使附近人员受到灼烫伤害，甚至死亡。

（3）高敏感度

爆炸物对外界作用如热、火花、撞击、摩擦、冲击波、爆轰波、光和电等极为敏感，极易发生爆炸。一般爆炸物起爆能越小，则敏感度越高，其危险性也就越大。

（4）火灾危险性

很多爆炸物受激发能源作用发生氧化还原反应可形成分解燃烧，且不需外界供氧。绝大多数爆炸品爆炸时可在瞬间形成高温，引燃旁边可燃物品引发火灾。火灾伴随着爆炸，极易蔓延，增加了事故的危害性，造成更为严重的人员伤亡和财产损失。

（5）毒害性

很多爆炸品本身具有一定毒性，且绝大多数爆炸品爆炸时产生多种有毒或者窒息性气体，包括CO、CO_2、NO、NO_2、SO_2等，可从呼吸道、食道、皮肤进入人体，引起中毒，严重时危及生命。

3.2.3 高校实验室储存爆炸品注意事项

爆炸品具有重大危险，绝大多数属管制易燃易爆品，其使用和储存应遵循相关法律法规。尽管大多数高校化学实验室涉及爆炸品的试剂并不多，但仍需要格外注意爆炸品的储存与使用，爆炸品的储存应注意以下几点。

① 应有专门的库房分类存放爆炸品，最好采用防爆柜存放，由专人负责保管。库房

应保持通风阴凉，远离火源、热源，避免阳光直射。爆炸品应按需报备购买，避免一次储存过多。

② 因相互作用而可能爆炸的物质必须分类存放，如过氧化物和胺类，高锰酸钾和浓硫酸，四氯化碳和碱金属等混合后有爆炸危险，必须分开存放。

③ 使用爆炸品应格外小心，轻拿轻放，避免摩擦、撞击和震动。

④ 爆炸品要求配置由象形图和警示词组成的安全警示标签，标签要素配置规定如表3.2所示，并应按要求配置相应警示词。

表 3.2　爆炸品标签要素配置规定

危害性	危害性公示要素	
不稳定爆炸物	象形图	
	警示语	危险
	危害性说明	不稳定爆炸物
1.1 项	象形图	
	警示语	危险
	危害性说明	爆炸物:整体爆炸危险性
1.2 项	象形图	
	警示语	危险
	危害性说明	爆炸物:激烈迸射危险性
1.3 项	象形图	
	警示语	危险
	危害性说明	爆炸物:火灾、爆震、迸射危险性

危害性	危害性公示要素	
1.4 项	象形图	
	警示语	危险
	危害性说明	火灾、进射危险性
1.5 项	象形图	1.5（背景为橙色）
	警示语	危险
	危害性说明	火灾、进射危险性
1.6 项	象形图	1.6（背景为橙色）
	警示语	危险
	危害性说明	火灾、进射危险性

3.2.4 爆炸品分类

爆炸品可分爆炸化合物和爆炸混合物，其中，爆炸化合物按化学结构的分类见表 3.3。

表 3.3 爆炸化合物按化学结构的分类

爆炸化合物名称	爆炸基团	化合物举例
乙炔类化合物	$C\equiv C$	乙炔银、乙炔汞
叠氮化合物	$N=N=N^-$	叠氮铅、叠氮镁
雷酸盐类化合物	$C\equiv N-O^-$	雷汞、雷酸银
亚硝基化合物	$N=O$	亚硝基乙醚、亚硝基酚
臭氧、过氧化物	$O-O$	臭氧、过氧化氢
氯酸或过氯酸化合物	$O-Cl$	氯酸钾、高氯酸钾
氮的卤化物	$N-X$	氯化氮、溴化氮
硝基化合物	$-NO_2$	三硝基甲苯、三硝基苯酚
硝酸酯类	$-ONO_2$	硝化甘油、硝化棉

爆炸混合物通常由两种或两种以上爆炸组分和非爆炸组分经机械混合而成。如硝铵炸药、黑色火药、液氧炸药都属于爆炸混合物。

3.2.5 高校实验室常见爆炸物举例

（1）过氧化氢（H_2O_2）

纯过氧化氢为蓝色黏稠状液体，其水溶液俗称双氧水，为无色透明液体。低毒，有皮肤腐蚀性。属爆炸性强氧化剂，自身不燃，与可燃物反应放出大量热和氧气，引起着火爆炸。浓度超过 69％，在有适当点火源或温度的密闭容器中产生气相爆炸。与有机物如糖、淀粉、醇类、石油等形成爆炸性混合物，撞击、受热或电火花作用下发生爆炸。碱性溶液中极易分解，遇强光、短波射线照射也可分解，加热 100℃以上急剧分解；与许多无机物或杂质接触后迅速分解而爆炸。多数重金属如铜、银、铅、汞、锌、钴等及其氧化物和盐类都是活性催化剂，尘土、香烟灰、碳粉、铁锈等也能加速分解。

双氧水应置于密闭容器，储存于阴凉、通风的库房，防止日光照射，不宜长时间储存。远离火源、热源，库温不宜超过 30℃。应与易燃物、可燃物、还原剂、活性金属粉末等分开存放，切忌混储。

（2）苦味酸（三硝基苯酚、TNP）

苦味酸为黄色粉末或针状结晶，具强烈苦味，强酸性。有毒，蒸气吸入可引起支气管炎和结膜炎，经皮肤接触吸收可引起接触性皮炎，长期接触可导致慢性中毒，引起头痛、头晕、恶心呕吐、食欲减退、腹泻和发热等，严重时可引起末梢神经炎、膀胱刺激症状以及肝、肾损害。苦味酸接触明火、高热或受到摩擦、震动、撞击可爆炸，有害燃烧产物为 CO、CO_2 和氮氧化物。与重金属粉末能发生化学反应生成金属盐，增加爆炸敏感度；与强氧化剂可发生反应。苦味酸应储存于阴凉、通风的库房，远离火源、热源，避免与强氧化剂接触。

三个典型案例分析如下。

案例 1：如图 3.3（a）所示，某研究所实验室发生双氧水爆炸，导致旁边部分居民楼玻璃被震碎，所幸没有造成人员伤亡。事故原因主要是操作有爆炸危险特性的双氧水时温度过高，导致爆炸。

案例 2：如图 3.3（b）所示，2009 年 12 月中旬，某大学化学实验室发生冰箱爆炸且引起着火，幸好扑救及时，未造成大的损失。冰箱使用年限较长（2004 年 6 月购买），电路出现故障，已开封使用存放在冰箱内的乙醚和丙酮从瓶中泄漏，导致冰箱内空气中含有较高浓度的乙醚和丙酮气体并达到爆炸极限，冰箱的电路故障引起冰箱内的易燃溶剂产生爆炸。

案例 3：如图 3.3（c）所示，2008 年 12 月底，某大学一化学实验室发生爆炸事故。学生准备好了原材料，计划进行聚乙二醇双氨基的修饰，将 18g 左右的端基对甲苯磺酰氯修饰的聚乙二醇和 250mL 氨水混合，溶解，然后转移到防爆瓶中，将尼龙盖旋紧后，将其放在磁力搅拌器中油浴加热（60℃），准备反应 48h。待温度平稳后，学生将通风橱

图 3.3　爆炸事故现场图片

玻璃拉下，然后离开实验室。不幸的是，半夜发生了爆炸事故，该次事故的原因是：①夜里加热装置突然失控，导致硅油被不断加热冒出大量烟雾，防爆瓶承受太大压力而爆裂；②防爆瓶经过多次使用，承受压力能力降低，导致反应过程中突然爆裂而将传热介质硅油溅出，导致加热器的加热圈裸露在空气中，热电偶测不到目标温度，导致加热圈不断将硅油和周围空气加热，导致产生大量烟雾。

3.3 危险气体和气溶胶

3.3.1 概述

气体是指临界温度低于或等于50℃时，蒸气压大于300kPa的物质；或20℃时、标准大气压（101.3kPa）下完全是气态的物质。列入危险品的气体有易燃气体（包括化学不稳定气体）、氧化性气体和加压气体三大类。

易燃气体指在20℃和标准大气压下与空气混合有一定易燃范围的气体，根据易燃性程度分为两类（GB 30000.3—2013 化学品分类和标签规范　第3部分：易燃气体）。类别1指20℃、标准大气压下与空气混合物体积分数≤13%即可点燃的气体；或不论易燃下限如何，与空气混合，可燃范围至少为12%的气体，如压缩或液化的氢气（H_2）、甲烷、烃类气体、液化石油气等。类别2指20℃、标准大气压下，与空气混合有易燃范围的气体，如氨、亚硝酸甲酯等。化学不稳定气体指在无空气或氧气时也能迅速反应的易燃气体，也分为两个类别：类别A指在20℃和标准大气压下化学不稳定的易燃气体，如乙炔、环氧乙烷等；类别B指温度超过20℃和/或气压高于标准大气压时化学不稳定的易燃气体，例如溴乙烯、四氟乙烯、甲基乙烯醚等。

氧化性气体指通过提供氧气，比空气更能导致或促进其他物质燃烧的任何气体，如O_2、压缩空气等，氧化性气体只有一个类别（类别1）（GB 30000.5—2013）。

加压气体指20℃时，压力不小于200kPa的容器中的气体，或是液化气或冷冻液化气体，包括压缩气体、液化气体、溶解气体和冷冻液化气体（GB 30000.6—2013 化学品分类和标签规范　第6部分：加压气体）。压缩气体指压力下包装时，在−50℃完全是气态的气体，包括所有具有临界温度不大于−50℃的气体。液化气体指压力下包装时，温度高于−50℃时部分是液态的气体，包括高压液化气体（临界温度−50～65℃，如CO_2、乙烷、氯化氢等）和低压液化气体（临界温度≥65℃，如氨、氯、溴化氢等）。溶解气体指在一定压力下包装时，溶解在液相溶剂中的气体，主要特指溶剂乙炔。冷冻液化气体指包装时由于低温而部分是液体的气体。

此外，GB 4944—2012《危险货物分类和品名编号》按运输危险性将气体分为三类。

（1）易燃气体

对应 GB 30000.3—2013 类别1，如石油液化气（乙烷、丁烷）、液化天然气（甲烷）、氢气（可液化）、硫化氢、丁二烯等。

（2）非易燃无毒气体

指20℃时蒸气压力不低于200kPa或作为冷冻液体运输的不燃、无毒气体。此类气体不燃、无毒，但高压状态下具有潜在爆裂危险，又可细分为三类。①窒息性气体：稀释或取代空气中氧气的气体，如 N_2、CO_2、稀有气体等；②氧化性气体：通过提供氧气，比空气更能引起或促进其他材料燃烧的气体，如 O_2、压缩空气等；③不属于前两类的气体：也可分为压缩气体和液化气体两类。压缩气体：氧气、氩气、氮气、二氧化碳等；液化气体：液氧、液氮、液氩、液氨、液氯、液态二氧化碳等。

（3）毒性气体

包括已知对人类具有毒性或腐蚀性强到对健康造成危害的气体；或半数致死浓度（LC_{50}）$\leqslant 5L/m^3$ 的气体。此类气体对人畜有强烈的毒害、窒息、灼伤、刺激作用，如氯气、氨气、二氧化硫、溴化氢。也可分为压缩气体和液化气体两类，压缩气体：氨气、氟气、二氧化硫等。液化气体：液氯、液氨。

气溶胶指喷雾器内装压缩、液化或加压溶解的气体，并配有释放装置以使内装物喷射出来，在气体中形成悬浮的固态或液态微粒或形成泡沫、膏剂或粉末或以液态或气态形式出现。根据其易燃程度，气溶胶可分为三类：类别 1（极易燃气溶胶）、类别 2（易燃气溶胶）和类别 3（不易燃气溶胶）。

3.3.2 气体的危险特性

（1）物理性爆炸

储存于钢瓶内的压缩气体或液化气体受热易膨胀，导致压力升高，当超过钢瓶耐压强度时可发生钢瓶爆炸。特别是液化气体钢瓶内气液共存，运输、使用或储存中受热或撞击等外力作用下，瓶内液体会迅速气化，使钢瓶内压急剧增高，导致爆炸，造成人员伤亡和财产损失。钢瓶爆炸时易燃气体及爆炸碎片的冲击能间接引起火灾。

（2）化学性爆炸

易燃气体和氧化性气体化学性质活泼，普通状态下可与很多物质发生反应或爆炸燃烧。例如，乙炔、乙烯与氯气混合遇日光会发生爆炸；液态氧与有机物接触能发生爆炸；压缩氧与油脂接触能发生自燃。

（3）易燃性

易燃气体遇火源极易燃烧，与空气混合到一定浓度会发生爆炸。爆炸极限宽的气体的火灾、爆炸危险性更大。

（4）扩散性

比空气轻的易燃气体逸散在空气中可以很快地扩散，一旦发生火灾，会造成火焰迅速蔓延。比空气重的易燃气体泄漏出来，往往漂浮于地面或房间死角中，长时间积聚不散，一旦遇到明火，易导致燃烧爆炸。

（5）腐蚀性、毒害性及窒息性

含硫、氮、氟元素的气体多数有毒，如硫化氢、氯乙烯、液化石油气等。有些气体有腐蚀性，如硫化氢、氨、三氟化氮（NF_3）等，不仅可引起人畜中毒，还会使皮肤、呼吸道黏膜等受严重刺激和灼伤而危及生命。有些气体有窒息性，大量压缩或液化气体及其燃烧后的直接生成物扩散到空气中时空气中氧含量降低，人因缺氧而窒息。

3.3.3 危险气体的储存注意事项

（1）危险气体的储存

气体一般储存于钢瓶中，钢瓶的储存应注意以下几点。

远离火源、热源，避免受热膨胀引起爆炸；性质相互抵触的应分开存放，如氢气与氧气钢瓶等不得混储。有毒和易燃易爆气体钢瓶应放在室外阴凉通风处。压缩气体和液化气体严禁超量灌装。

钢瓶不得撞击或横卧搬动；在搬运钢瓶过程中，必须给钢瓶配上安全帽，钢瓶阀门必须旋紧。使用前要检查钢瓶附件是否完好、封闭是否紧密、有无漏气现象。如发现钢瓶有严重腐蚀或其他严重损伤，应将钢瓶送有关单位进行检验。超过使用期限的钢瓶不能延期使用。

（2）配置安全警示标签

助燃性气体、氧化性气体、加压气体均应按 GHS 要求配置安全警示标签，如表 3.4 和表 3.5 所示。

表 3.4　危险安全警示标签

危害性级别	危害性公示要素	
	象形图	
	警示语	危险
	危害性说明	可能导致或加剧燃烧：氧化剂

表 3.5　警告安全警示标签

危害性级别	危害性公示要素	
压缩气体	象形图	
	警示语	警告
	危害性说明	压力下气体：加热可能爆炸
液化气体	象形图	
	警示语	警告
	危害性说明	压力下气体：加热可能爆炸

危害性级别	危害性公示要素	
冷冻液化气体	象形图	
	警示语	无
	危害性说明	冷冻液化气体:可能造成低温灼伤损伤
溶解气体	象形图	
	警示语	警告
	危害性说明	压力下气体:加热可能爆炸

3.3.4 高校实验室常见危险气体举例

（1）氢气（H$_2$）

氢气为无色无味气体，无毒。高温易燃易爆，和 F$_2$、Cl$_2$、O$_2$、CO 以及空气混合均有爆炸的危险；与氟气混合物在低温和黑暗环境就能发生自发性爆炸，与氯气体积比 1：1 混合时光照可爆炸。氢气比空气轻，在室内使用和储存时，漏气上升滞留屋顶不易排出，遇火星引起爆炸。

氢气应储存于阴凉、通风库房内，温度不宜超过 30℃，远离火种、热源，防止阳光直射。应与 O$_2$、压缩空气、卤素（氟气、氯气、溴）、氧化剂等分开存放，切忌混储。储存间内照明、通风等设施应采用防爆型，开关设在仓外，配备相应品种和数量的消防器材。氢气钢瓶购买验收时要注意验瓶日期，搬运时轻装轻卸，防止钢瓶及附件破损。

（2）一氧化碳（CO）

CO 为无色无味气体。剧毒，极易与血红蛋白结合形成碳氧血红蛋白，使血红蛋白丧失携氧能力和作用，造成组织窒息，严重时死亡。光照爆炸分解，与空气混合爆炸极限为12.5%～74.2%。

CO 存于通风阴凉的地方，贮存温度不应超过 30℃，避开热源、火源和阳光直射。应与氧气、压缩空气、强氧化剂等分开存放，切忌混贮混运。一氧化碳钢瓶购买验收时要注意验瓶日期，搬运时轻装轻卸，防止钢瓶及附件破损。高压气瓶应定时检验，我国一氧化碳钢瓶检验日期是两年。

三个典型案例分析如下。

案例 1：如图 3.4(a) 所示，某高校化学实验室突然爆炸起火，火灾发生时火苗和黑烟不断从实验室的窗户冒出，一名研究人员当场死亡。事故原因是实验所用氢气瓶意外爆炸并起火，操作人员未注意钢瓶检验日期，也未对氢气瓶进行固定，导致事故发生。

案例 2：如图 3.4(b) 所示，某高校化学系一名博士生发现另一名博士生昏厥在实验室，便呼喊老师寻求帮助，并拨打 120 急救电话，本人随后也晕倒在地。120 急救车抵达现场后将两位同学送往医院，第一位倒地的博士生抢救无效死亡。经调查发现，该校几名教师事发当日在实验过程中误将本应接入其他实验室的 CO 接至两位博士生所在实验室的输气管内，导致事故发生。

案例 3：如图 3.4(c) 所示，某研究生给某分析仪充入氮气，充若干时间后，该学生离开实验室去二楼，当其返回该仪器旁时，观察窗口（直径 15cm）的玻璃爆裂，碎裂的玻璃片将该学生右手静脉割破，腹部割伤，致大量出血，其他实验室的同学发现后，立即报 "120" 送医院抢救。爆裂的玻璃片飞散至室内各处，其中一小块玻璃片高速撞击实验室门上的玻璃，并将该门上的玻璃击穿，可见爆炸的威力巨大。

图 3.4　实验室爆炸事故图片

3.4　易燃物质

3.4.1　易燃物质的分类

易燃物质的分类见表 3.6。

表 3.6　易燃物质的分类

分类	特点	根据消防法分类
特别易燃物质	在 20℃时为液体或 20～40℃时成为液体的物质；着火温度在 100℃以下；闪点在 −20℃以下和沸点在 40℃以下的物质	特别易燃物质
高度易燃物质	在室温下易燃性高的物质（闪点约在 20℃以下）	第 1 类石油产品
中等易燃物质	加热时易燃性高的物质（闪点大约在 20～70℃）	第 2 类及第 8 类石油产品
低易燃物质	高温加热时，由于分解出气体而着火的物质（闪点在 70℃以上的物质）	第 4 类石油产品、动植物油

3.4.1.1　特别易燃物质

此类物质有乙醚、二硫化碳、乙醛、戊烷、异戊烷、氧化丙烯、二乙烯醚、羰基镍、烷基铝等。注意事项如下：

① 由于着火温度及闪点极低而很易着火，所以使用时，必须熄灭附近的火源。

② 因为沸点低，爆炸浓度范围较宽，因此，要保持室内通风良好，以免其蒸气滞留在使用场所。

③ 此类物质一旦着火，爆炸范围很宽，由此引起的火灾很难扑灭。

④ 当容器中贮存的易燃物减少时，往往容易着火爆炸，要加以注意。

对有毒性的物质，要戴防毒面具和橡皮手套进行处理。由这类物质引起火灾时，用二氧化碳或干粉灭火器灭火。但对其周围的可燃物着火时，则用水灭火较好。

事故示例如下：

- 乙醚从贮瓶中渗出，由远离2m以外的燃烧器的火焰引起着火。
- 正在洗涤剩有少量乙醚的烧瓶时，突然由热水器的火焰燃着而引起着火。
- 将盛有乙醚溶液的烧瓶放入冰箱中保存时，漏出乙醚蒸气，由冰箱内电器开关产生的火花引起着火爆炸，箱门被炸飞（乙醚之类物质要放入有防爆装置的冰箱内保存）。
- 焚烧二硫化碳废液时，在点火的瞬间，产生爆炸性的火焰飞散而烧伤（焚烧这类物质时，应在开阔的地方，于远处投入燃着的木片进行点火）。

3.4.1.2　高度易燃物质（闪点在20℃以下）

主要包括：（第一类石油产品）石油醚、汽油、轻质汽油、挥发油、己烷、庚烷、辛烷、戊烯、邻二甲苯、醇类（甲基~戊基）、二甲醚、二氧杂环己烷、乙缩醛、丙酮、甲乙酮、三聚乙醛等。

甲酸酯类（甲基~戊基）、乙酸酯类（甲基~戊基）、乙腈（CH_3CN）、吡啶、氯苯等。

3.4.1.3　中等易燃物质（闪点在20~70℃之间）

主要包括：（第2类石油产品）煤油、轻油、松节油、樟脑油、二甲苯、苯乙烯、烯丙醇、环己醇、2-乙氧基乙醇、苯甲醛、甲酸、乙酸等。

（第3类石油产品）重油、杂酚油、锭子油、透平油、变压器油、1,2,3,4-四氢化萘、乙二醇、二甘醇、乙酰乙酸乙酯、乙醇胺、硝基苯、苯胺、邻甲苯胺等。

3.4.1.4　低易燃物质（闪点在70℃以上）

主要包括：（第4类石油产品）齿轮油、马达油之类重质润滑油，及邻苯二甲酸二丁酯、邻苯二甲酸二辛酯之类增塑剂。

（动植物油类产品）亚麻仁油、豆油、椰子油、沙丁鱼油、鲸鱼油、蚕蛹油等。

易燃物质的使用注意事项如下：

① 高度易燃物质虽不像特别易燃物质那样易燃，但它的易燃性仍很高。由电开关及静电产生的火花、赤热物体及烟头残火等，都会引起着火燃烧。因而，注意不要把它靠近火源，或用明火直接加热。

② 中等易燃物质，加热时容易着火。用敞口容器将其加热时，必须注意防止其蒸气滞留不散。

③ 低易燃物质，高温加热时分解放出气体，容易引起着火。并且，如果混入水之类杂物，即会产生暴沸，致使引起热溶液飞溅而着火。

④ 通常，物质的蒸气密度大的，则其蒸气容易滞留。因此，必须保持使用地点通风良好。

⑤ 闪点高的物质，一旦着火，因其溶液温度很高，一般难以扑灭。

易燃物质的防护方法如下：

加热或处理量很大时，要准备好或戴上防护面具及棉纱手套。

易燃物质的灭火方法如下：

此类物质着火，当其燃烧范围较小时，用二氧化碳灭火器灭火。火势扩大时，最好用大量水灭火。

事故示例如下：

- 蒸馏甲苯的过程中，忘记加入沸石，发生暴沸而引起着火。
- 将剩有有机溶剂的容器进行玻璃加工时，引起着火爆炸。
- 把沾有废汽油的物品投入火中焚烧时，产生意想不到的猛烈火焰而致烧伤。
- 用丙酮洗涤烧瓶，然后置于干燥箱中干燥时，残留的丙酮气化而引起爆炸，干燥箱的门被炸坏飞至远处。
- 将经过加热的溶液于分液漏斗中用二甲苯进行萃取，当打开分液漏斗的旋塞时，喷出二甲苯而引起着火。
- 将润滑油进行减压蒸馏时，用气体火焰直接加热。蒸完后，立刻打开减压旋塞，于烧瓶中放进空气时发生爆炸。
- 将油浴加热到高温的过程中，当熄灭气体火焰而关闭空气开关时，突然伸出很长的摇曳火焰而使油浴着火（熄灭气体火焰时，要先关闭其主要气源的旋塞）。
- 对着火的油浴覆盖四氯化碳进行灭火时，结果它在油中沸腾，致使着火的油飞溅，反而使火势扩大。

3.4.2 易燃液体

3.4.2.1 概述

国家标准 GB 30000.7—2013《化学品分类和标签规范 第 7 部分：易燃液体》规定易燃液体指闪点不高于 93℃ 的液体。闪点是衡量易燃液体火灾危险性大小的主要特性，闪点越低，火灾危险性越大（见表 3.6）。易燃液体根据闪点大小分为四类：类别 1 的闪点小于 23℃ 且初沸点不大于 35℃，如乙醚、石油醚等；类别 2 的闪点小于 23℃ 且初沸点大于 35℃，如丙酮、乙酸乙酯等；类别 3 的闪点不小于 23℃ 且不大于 60℃，如正丁醇、乙二胺等；类别 4 的闪点大于 60℃ 且不大于 93℃，如萘、乙醇胺等。有机化学教学及科研实验普遍大量储存及使用的有机溶剂多为易燃液体，存在安全隐患，应着重进行安全防控。

3.4.2.2 易燃液体分类

本类化学品指易燃的液体，液体混合物或含有固体物质的液体，但不包括由于其危险特性已列入其他类别的液体，其闭口杯试验闪点等于或低于 61℃。

（1）易燃液体按闪点分类

易燃液体按闪点大小可以分为三类。

低闪点液体：指闭口杯试验闪点小于 −18℃ 的液体。

中闪点液体：指闭口杯试验闪点大于等于 −18℃、小于 23℃ 的液体。

高闪点液体：指闭口杯试验闪点大于等于 23℃、小于 61℃ 的液体。

（2）易燃液体按火灾危险性分类

一般按其火灾危险性分甲、乙、丙类。

甲类：闪点小于28℃，如汽油、煤油、油漆、油墨、甲苯、丙酮、苯、二甲苯、天那水、乙醇、乙酸乙酯、乙酸丁酯等。

乙类：闪点大于28℃、小于等于60℃、如松节油、苯乙烯等。

丙类：丙A类闪点大于60℃、小于等于120℃，如0号柴油、乙二醇等。

丙B类闪点大于120℃，如润滑油等。

3.4.2.3　易燃液体的危险特性

（1）高度易燃易爆性

易燃液体在常温条件下遇明火极易燃烧，当易燃液体表面上蒸气浓度达到其爆炸浓度极限范围时，遇到明火即可发生爆炸。

（2）易挥发

多数易燃液体分子量较小，沸点较低，一般低于100℃，易挥发，蒸气压大，液面蒸气浓度较大，遇明火即能使其表面蒸气闪燃。燃点也低，一般比闪点高1～5℃，当达到燃点时，燃烧不局限于液体表面蒸气的闪燃，由于液体源源不断地供应可燃蒸气，可持续燃烧。

（3）流动性

易燃液体大多黏度较小，一旦泄漏则会很快流向四周低处，随着接触空气面积增加，蒸气速度也会大大加快，空气中蒸气浓度迅速提高，易燃蒸气在空气中的体积也增大，增加了爆炸的危险性。

（4）受热膨胀性

易燃液体的膨胀系数一般较大。储存在密闭容器中的易燃液体，一旦受热会导致体积膨胀，蒸气压增加，使容器所承受的压力增大。若该压力超过了容器所能承受的最大压力就会造成容器的变形甚至破裂，产生极大危险。

（5）易产生积聚静电

一般易燃液体的电阻率大（$10^9 \sim 10^{14}\ \Omega \cdot cm$），在输送、灌装、过滤、混合、搅拌、喷射、激荡、流动时极易产生和积聚静电，累积到一定程度将会产生火花，火花极易引起易燃液体燃烧。

（6）易氧化性

易燃液体一般含有碳、氢元素，容易接受氧元素而被氧化，当遇到强氧化剂或强酸时，能迅速被氧化且放出大量的热而引起燃烧或爆炸，如乙醇遇高碘酸钾放热并发生燃烧。

（7）毒害性与腐蚀性

绝大多数易燃液体及其蒸气都具有一定的毒性，会通过与皮肤的接触或呼吸吸入人体，致使人出现昏迷或窒息，严重时死亡。有的易燃液体及蒸气还具有刺激性和腐蚀性，能通过皮肤、呼吸道、消化道等途径刺激或灼伤皮肤或器官，造成机体组织的损伤。

3.4.2.4　储存与使用

① 易燃液体应存放在阴凉通风处，有条件的实验室应设易燃液体专柜分类存放。

② 易燃液体使用时要轻拿轻放，防止相互碰撞或将容器损坏造成泄漏事故。不同种类易燃液体具有不同的化学性质，使用前应认真了解其相应的物理性质和化学性质。

③ 易燃液体不得敞口存放。操作过程中室内应保持良好的通风，必要时佩戴防护

器具。

④ 易燃液体应配置 GHS 规范的标签，标签要素配置见表 3.7 所示。

表 3.7　易燃液体标签配置

危害性级别	危害性公示要素	
1	象形图	
	警示语	危险
	危害性说明	易燃性极高的液体及蒸气
2	象形图	
	警示语	危险
	危害性说明	易燃性极高的液体及蒸气
3	象形图	
	警示语	警告
	危害性说明	易燃液体及蒸气
4	象形图	无象形图
	警示语	警告
	危害性说明	可燃性气体

3.4.2.5　高校化学实验室常见易燃液体举例

（1）甲醇（CH_3OH）

甲醇为有刺激性气味的无色澄清液体，易挥发，相对密度 1.11（空气＝1），闪点 12℃，有毒，刺激呼吸道及胃肠道黏膜，麻醉中枢神经系统；对视神经和视网膜有特殊选择作用，可导致失明。甲醇极易燃，遇明火、高热能引起燃烧爆炸，与空气形成爆炸性混合物，与氧化剂接触发生化学反应或引起燃烧。其蒸气比空气重，能在较低处扩散到相当远的地方，遇明火引起燃烧。

甲醇应密封储存于阴凉、通风的仓间，防止阳光直射。远离火种、热源，库温不宜超过 37℃。与氧化剂、酸类、碱金属等分开存放，不得混储。库房采用防爆型照明、通风设施，禁止使用易产生火花的机械设备和工具，并配备相应品种和数量的消防器材。

（2）乙醚（$CH_3CH_2OCH_2CH_3$）

乙醚为有芳香气味的无色透明液体，极易挥发（沸点 34.6℃，常用液体试剂中沸点最低），乙醚蒸气相对密度 2.56（空气＝1）。闪点−45℃。有毒，液体或高浓度蒸气对眼睛有刺激性，大量接触易导致嗜睡、呕吐、体温下降和呼吸不规则而有生命危险。易燃易爆气体，遇明火、高热极易燃烧爆炸（燃点 160℃，爆炸极限 1.85％～36.5％），其蒸气与空气形成爆炸性混合物，与氧化剂强烈反应。蒸气重于空气，在较低处易扩散而导致回燃。

乙醚应密封储存于阴凉、通风的仓间内，远离火种、热源、氧化剂、氟、氯等，防止阳光直射。应按需购买，不宜大量购买或久存。

（3）苯

苯是有强烈芳香气味的无色透明液体，沸点（80℃），相对密度 2.77（空气＝1），闪点−11℃。遇明火、高热极易燃烧爆炸（爆炸极限 1.2％～8.0％），燃烧产物为 CO、CO_2。与氧化剂强烈反应，易产生和聚集静电，有燃烧爆炸危险。其蒸气较空气重，易扩散，遇明火引起回燃。苯有较强的致癌性，高浓度苯对中枢神经系统有麻痹作用。轻者有头痛、头晕、恶心呕吐、步态蹒跚等酒醉状态，重者发生昏迷、抽搐、血压下降，以致呼吸和循环衰竭。密封储存于阴凉、通风仓间，远离火种、热源和氧化剂，防止阳光直射。配备相应品种和数量的消防器材。罐储时要有防火防爆技术措施，禁止使用易产生火花的机械设备和工具。

四个典型案例分析如下：

案例 1：某高校一名教师采用乙醚进行回流提取时，离开实验室外出办事。实验室突然停水，致使乙醚大量挥发到空气中，引起乙醚在空气中燃烧爆炸，好在实验室天花板和实验台面均是防火材料，未产生严重后果。

案例 2：某高校一名博士研究生在使用乙醚进行索氏提取后，采用旋转蒸发仪浓缩乙醚，虽然水浴锅温度只是室温（35℃），也没有开真空抽气泵，但由于天气太热，乙醚还是暴沸，把旋蒸瓶冲掉，致使该名博士生的脸上和身上被喷了大量乙醚。事故发生的主要原因是该学生旋蒸乙醚时，未用夹子扣紧旋蒸的旋转轴和烧瓶。

案例 3：某高校教师在实验教学中采用苯作为硅胶柱色谱洗脱剂，由于大量使用苯，参加实验的很多同学在实验后感觉头昏、恶心，在此次实验后该学校明确规定实验室中禁止大量使用苯做溶剂或者洗脱剂。

案例 4：2003 年 5 月某高校一名研究生在操作反应釜时，反应釜里面是甲醇溶剂，该生穿着毛衣进行实验，结果由于反应釜中甲醇温度还较高，空气中甲醇蒸气较多，该学生衣服产生静电，引起甲醇燃烧爆炸，导致该生死亡。

3.4.3 易燃固体

3.4.3.1 概述

易燃固体指容易燃烧，可通过摩擦引燃或助燃的固体（GB 30000.8—2013 化学品分类和标签规范　第 8 部分：易燃固体）。根据联合国《关于危险货物运输的建议书实验和标准手册》（第五修订版）规定的实验方法进行一次或多次实验，100mm 的连续的带或粉带燃烧时间小于 45s 或燃烧速率大于 2.2mm/s 的物质为易燃固体。具体讲，是指在标准试验时，燃烧时间＜45s，且湿润区阻止火焰蔓延至少 4min 的固体物质和燃烧反应传播到整个试样的时间≤10min 的金属粉末或合金粉末，以及丙类易燃固体等。

易燃固体是指燃点低，对热、撞击、摩擦敏感，易被外部火源点燃，燃烧迅速，并可能散发出有毒烟雾或有毒气体的固体，但不包括已列入爆炸品的物品。常见的主要有硫黄、红磷、AC 发泡剂、N 发泡剂、OB 发泡剂、晒图盐、感光剂、镁粉、铝粉、硅粉、冰片、樟脑、硝化纤维塑料（赛璐珞）、棉花等。

根据燃烧速率实验，易燃固体可分为两类。

类别 1：燃烧速率实验，除金属粉末外的物质或混合物，潮湿部分不能阻燃，且 100mm 连续的带或粉带燃烧时间小于 45s 或燃烧速率大于 2.2mm/s；金属粉末 100mm 连续粉末带的燃烧时间不大于 5min，如红磷、2,4-二硝基苯甲醚、2,4-二硝基苯肼、十硼烷、偶氮二甲酰胺等。

类别 2：燃烧速率实验，除金属粉末外的物质或混合物，潮湿部分阻燃至少 4min，且 100mm 连续带或粉带燃烧时间小于 45s 或燃烧速率大于 2.2mm/s；金属粉末 100mm 连续粉末带的燃烧时间大于 5min 且不大于 10min，如硅粉、金属锆、锰粉、龙脑、硫黄等。

3.4.3.2　易燃固体的危险特性

（1）燃点低，易点燃

易燃固体在常温等很小能量的着火源下就能引起燃烧；受摩擦、撞击等外力也能引起燃烧。易燃固体与空气接触面积越大，越容易燃烧，燃烧速率也越快，发生火灾的危险性也就越大。易燃固体的着火点能比较低，一般都在 300℃ 以下，在常温下只要有能量很小的着火源与之作用即能引起燃烧。所以易燃固体在运输过程中，应当注意轻拿轻放，避免摩擦、撞击等外力作用。

（2）遇酸、氧化剂易燃易爆

易燃固体多数具有较强的还原性，易与氧化剂发生反应，尤其是与强氧化剂接触时，能够立即引起着火或爆炸。绝大多数易燃固体遇无机酸性腐蚀品、氧化剂等能够立即引起着火或爆炸。萘与发烟硫酸接触时反应非常剧烈，甚至引起爆炸。所以易燃固体绝对不许和氧化剂、酸类混储、混运。

（3）本身或燃烧产物有毒

很多易燃固体本身就具有毒害性或燃烧后能产生有毒性气体，如硫黄。不仅与皮肤接触能引起中毒，而且吸入后，亦能引起中毒。硝基化合物、硝化棉及其制品，重氮氨基苯等易燃固体燃料，由于含有硝基、亚硝基、重氮基等不稳定的基团，在快速燃烧的条件下，还有可能转为爆炸。燃烧也会产生大量的一氧化碳、氮氧化物、氰氢酸等有毒气体，故应特别注意防毒。

（4）兼有遇湿易燃性

硫的磷化物类，不仅具有遇火受热的易燃性，而且具有遇湿易燃性，如五硫化二磷、三硫化四磷等。

（5）自燃危险性

易燃固体中的赛璐珞、硝化棉及其制品等在积热不散的条件下都容易自燃起火，硝化棉在 40℃ 的条件下就会分解。因此，这些易燃固体在储存和远航水上运输时，一定要注意通风、降温、散潮，堆垛不可过大、过高，加强养护管理。

（6）敏感性

易燃固体对明火、热源、撞击比较敏感。

（7）易分解或升华

易燃固体容易被氧化，受热易分解或升华，遇火源、热源引起剧烈燃烧。

（8）分散性

易燃固体具有可分散性，其固体粒度小于 0.01mm 时可悬浮于空气中，有粉尘爆炸的危险。

3.4.3.3 储存

基于易燃固体的燃烧性和爆炸性，易燃固体应远离火源，储存在通风、干燥、阴凉的仓库内，而且不得与酸类、氧化剂等物质同库储存。使用中应轻拿轻放，避免摩擦和撞击，以免引起火灾。大多数易燃固体有毒，燃烧后产生有毒物质，使用这类易燃固体或扑救这类物质引起的火灾时应注意自身保护。易燃固体应配置 GHS 规范的警示标签，标签要素如表 3.8 所示。

表 3.8　易燃固体标签配置

危害性	危害性公示要素	
1	象形图	
	警示语	危险
	危害性说明	易燃固体
	运输象形图	
2	象形图	
	警示语	危险
	危害性说明	易燃固体
	运输象形图	

3.4.3.4 着火应急措施

① 对于烷基镁、铝等以及硼、锌等的烷基化合物和铝导线焊接药包等有遇湿易燃危险的自燃物品，不可用二氧化碳、水和含水的任何物质施救。

② 黄磷等最好浸于水中，潮湿的棉花、油纸等有积热自燃危险的物品着火时一般可以用水扑救。

3.5 自燃、遇湿自燃、自热和自反应物质

3.5.1 自燃物质

自燃物质是指自燃点低，在空气中易发生氧化反应放出热量而自行燃烧的自燃液体（GB 30000.10—2013 化学品分类和标签规范　第 10 部分：自燃液体）和自燃固体（GB 30000.11—2013 化学品分类和标签规范　第 11 部分：自燃固体）。联合国《关于危险货物运输的建议书实验和标准手册》（第五修订版）规定该类物品是与空气接触后 5min 内会发生燃烧的物质。常见自燃固体有黄磷、钡合金、二苯基镁、金属锶、硼氢化铝等，自燃液体有二甲基锌、二丁基铝、烷基锂等。

3.5.1.1 自燃物质的危险特性

自燃物质在化学结构上并无规律性，故自燃原因和特性不一致，其主要具有以下危险特性。

（1）无氧自燃性

有些易燃物质在缺氧条件下无需掺入空气也可发生危险化学反应，放出热量，也能发生自燃起火，如黄磷、煤、锌粉等。

（2）氧化自燃性

部分自燃物质化学性质非常活泼，自燃点低，具有极强还原性，接触空气中的氧或氧化剂，立即发生剧烈的氧化反应，放出大量热，达到自燃点而自燃甚至爆炸。如黄磷遇空气起火，生成有毒的 P_2O_5。

（3）积热自燃性

有些自燃物质含有较多不饱和双键，遇氧或氧化剂易发生氧化反应，放出热量。如果通风不良，热量聚积不散，致使温度升高，又会加快氧化速率，产生更多的热，促使温度升高，最终会积热达到自燃点而引起自燃。

（4）遇湿易燃性

有些自燃物质在空气中能氧化自燃，遇水或受潮后还可分解而自燃爆炸。

3.5.1.2 自燃物质的储存

自燃物质应储存于通风、阴凉、干燥处，远离明火与热源，防止阳光直射。应单独存放，不得混储，避免与氧化剂、酸、碱等接触。忌水的物品必须密封包装，不得受潮，注意空气湿度。自燃物质应配置 GHS 规范警示标签，标签要素如表 3.9 所示。

表 3.9　自燃物质标签配置

项目	危害性级别	危害性公示要素	
自燃液体	1	象形图	
		警示语	危险
		危害性说明	遇到空气会发生自燃
自燃固体	1	象形图	
		警示语	危险
		危害性说明	遇到空气会发生自燃

3.5.1.3　常见自燃物质举例

黄磷又名白磷，白色或浅黄色半透明性固体。暴露于空气中在暗处产生绿色磷光和白烟。能直接与卤素、硫、金属等起作用，与硝酸生成磷酸，与氢氧化钠或氢氧化钾生成磷化氢及次磷酸钠。黄磷有毒，人中毒剂量为 15mg，致死量为 50mg，误服黄磷后很快出现严重胃肠道刺激腐蚀症状，大量摄入可因全身出血、呕血、便血和循环系统衰竭而死。

黄磷储存在水中，与空气隔绝。同时应远离火源、热源，并与易燃物、可燃物、氧化剂等隔离。

3.5.1.4　自燃物质储存与使用

① 易发生自燃的物质应储存在通风、阴凉、干燥处，远离明火及热源，防止阳光直射且应单独存放；

② 因这类物质一接触空气就会着火，初次使用时应请有经验者进行指导；

③ 在使用、运输过程中应轻拿轻放，不得损坏容器；

④ 避免与氧化剂、酸碱等接触。忌水的物品必须密封包装，不得受潮。

3.5.2　遇湿易燃物质

遇湿易燃物质又称为遇水放出易燃气体的物质，指通过与水作用，容易具有自燃性或放出危险易燃气体的固态或液态物质。此类物质遇水或受潮后，发生剧烈化学反应，放出大量的易燃气体和热量，不需明火即能燃烧或爆炸。

按照联合国 GHS 标准，遇湿易燃物质可分为三类。

类别 1：在环境温度下与水剧烈反应，所产生的气体具有自燃倾向，或在环境温度下容易与水反应，放出易燃气体的速率大于或等于每分钟 $10m^3/kg$ 的物质或混合物。如金属锂、金属钠、金属钾、硼氢化锂（钠、钾）等。

类别 2：在环境温度下易与水反应，放出易燃气体的最大速率大于或等于每小时 $20dm^3/kg$，如金属镁、铝镁合金粉、铝粉等。

类别 3：环境温度下与水缓慢反应，放出易燃气体的最大速率大于或等于每小时 $1dm^3/kg$，如硅铝粉、锌灰等。

3.5.2.1 遇湿易燃物质的危险特性

（1）遇水易燃易爆性

遇水后发生剧烈反应，产生的可燃气体多，放出的热量大。当可燃气体遇明火或由于反应放出的热量达到引燃温度时，就会发生着火爆炸，如金属钠、碳化钙等。

（2）与氧化剂剧烈反应

遇湿易燃物质大多有很强的还原性，遇到氧化剂或酸时反应更加剧烈。

（3）自燃危险性

有些遇湿易燃物质不仅遇水易燃，放出易燃气体，而且在潮湿空气中能自燃，特别是在高温下反应比较剧烈，放出易燃气体和热量。

（4）毒害性和腐蚀性

很多遇湿易燃物质本身具有毒性，有些遇湿后可放出有毒气体。

3.5.2.2 遇湿易燃物质的储存

① 遇湿易燃物质应专柜存放，不得与酸、氧化剂混放。包装必须严密，不得破损，以防吸潮或与水接触，不得与其他类别的危险品混存混放，使用和搬运时不得摩擦、撞击、倾倒。

② 金属钠、钾必须浸没在液体石蜡中，瓶子密封，在阴凉处保存。

③ 遇湿易燃物质应配置 GHS 规范的警示标签，其标签要素见表 3.10 所示。

表 3.10　遇湿易燃物质标签配置

危害性	危害性公示要素	
1	象形图	
	警示语	危险
	危害性说明	接触到水后，会产生可能引起自燃的可燃性、易燃性气体
2	象形图	
	警示语	危险
	危害性说明	接触到水后，产生可燃性、易燃性气体

危害性	危害性公示要素	
3	象形图	
	警示语	危险
	危害性说明	接触到水后,产生易燃性气体

3.5.2.3 常见遇湿易燃物质举例

（1）金属钠（Na）

金属钠为银白色,有金属光泽,质软,用刀可以较容易切开。化学性质很活泼,常温和加热时分别与氧气化合,和水剧烈反应,量大时发生爆炸。可在 CO_2 中燃烧,和低元醇反应产生氢气,和电离能力很弱的液氨也能反应。金属钠应密封保存在液体石蜡中,在阴凉处保存,工业品用煤油或柴油封装到金属桶中。

（2）氢化钙（CaH_2）

氢化钙为灰白色结晶或块状,化学反应活性很高,遇潮气、水或酸类发生反应,放出氢气并能引起燃烧,与氧化剂、金属氧化物剧烈反应。遇湿气和水分生成氢氧化物,腐蚀性很强。对黏膜、上呼吸道、眼睛和皮肤有强烈的刺激性。吸入后可因喉及支气管的痉挛、炎症、水肿、化学性肺炎或肺水肿致死。

储存于阴凉、干燥、通风良好的专用库房内,远离火种、热源。库温不超过 32℃,相对湿度不超过 75%。包装必须密封,切勿受潮。应与氧化剂、酸类、醇类、卤素等分开存放,切忌混储。采用防爆型照明、通风设施。禁止使用易产生火花的机械设备和工具。

两个典型案例分析如下。

案例1：某高校化学学院实验教师使用金属钠制醇钠时,把金属钠加入乙醇中,因金属钠和乙醇反应放热,因此装乙醇的烧瓶置于冰水浴中冷却。然而该教师操作时不小心把一块金属钠掉入冰水中,发生了一次小型燃烧和爆炸,致使装乙醇的烧瓶破裂,烧瓶中未反应完的金属钠落入冰水引起剧烈燃烧和爆炸,实验室屋顶被烧黑,多名教师冒着生命危险,经近5分钟才把明火扑灭。

案例2：据哥伦比亚《时代报》报道,阿根廷中部科尔多瓦省一所大学的实验室发生爆炸,造成20人受伤,其中4人重伤。消防队员费拉里奥说,燃料着火后实验室外的滚桶发生爆炸。一位目击者说,从20天前,那里就放着12~15个滚桶,每个容量200L。一只桶从升降机上掉下来裂开,流出挥发性很强和可燃的液体,导致连环爆炸发生。

3.5.2.4 影响危险性的因素

（1）化学组成

由以上分析可知,遇湿易燃物品火灾危险性的大小,主要取决于物质的化学组成。组成不同,与水反应的剧烈程度不同,产生的可燃气体也不同。

（2）金属的活泼性

金属与水的反应能力主要取决于金属的活泼性，金属的活泼性越强，遇湿或酸的反应越剧烈，火灾危险性也就越大。

综上所述，遇湿易燃物品必须盛装于气密或液密容器中，或浸于稳定剂中，置于干燥通风处，与性质相互抵触的物品隔离储存，注意防水、防潮等。

3.5.2.5　着火应急措施

（1）不可使用的灭火剂

主要有水和含水的灭火剂、二氧化碳、卤代烷、四氯化碳、氮气等。

（2）可使用的灭火剂

主要有 7150（偏硼酸三甲酯），这种物质灭火的原理是当其喷到物体表面时，可在燃烧高温的烘烤下迅速固化，并把着火物质的表面包裹起来，使其与空气隔绝从而把火扑灭，但价格较贵。也可以用食盐、碱面、石墨等进行扑救，但如果是金属锂发生火灾，则不能用食盐扑救，原因是锂能置换出钠，这更危险；铯着火不能用石墨扑救，主要是因为能发生反应。

3.5.3　自热物质和自反应物质

3.5.3.1　概述

自热物质是指除自燃液体或自燃固体外，与空气反应不需要能量供应就能够自热的固态或液态物质或混合物（GB 30000.12—2013 化学品分类和标签规范　第 12 部分：自热物质和混合物）。自热物质与自燃物质不同之处在于其仅在大量（公斤级）并经过长时间（数小时）才会发生自燃。根据其自热反应发生的难易程度，通过联合国 GHS 标准实验，自热物质可分为类别 1 和类别 2。属于类别 1 的有镁粉、铝镁合金、锌粉、甲醇钾、镁等。类别 2 有钙粉、二硫化钛、硫氢化钠等。

自反应物质指即使没有氧气（空气）也容易发生激烈放热分解的热不稳定液态或固态物质或混合物（GB 30000.9—2013）。部分自反应物质的组分容易起爆、迅速爆燃或在封闭条件下加热时剧烈反应，此类物质应视为具有爆炸性质。

3.5.3.2　自反应物质的分类

自反应物质可分为七类。

① A 型：任何自反应物质或混合物，如在包装件中可能起爆或迅速爆燃的自反应物质。

② B 型：在包装件中不会起爆或迅速爆燃，但在该包装件中可能发生热爆炸的具有爆炸性质的自反应物质，如 2-重氮-1-萘酚-5-磺酰氯、2-重氮-1-萘酚-4-磺酰氯等。

③ C 型：在包装件中不可能起爆或迅速爆燃或发生热爆炸的具有爆炸性质的自反应物质，如 N,N-二亚硝基二甲基对苯二甲酰胺、氟硼酸-3-甲基-4-（吡咯烷-1-基）重氮苯等。

④ D 型：实验中部分地起爆，不迅速爆燃，在封闭条件下加热时不呈现任何剧烈效应；或根本不起爆，缓慢爆燃，在封闭条件下加热时不呈现任何剧烈效应；或根本不起爆和爆燃，在封闭条件下加热时呈现中等效应，如发泡剂 BSH（苯磺酰肼）、二（苯磺酰肼）醚等。

⑤ E 型：实验中根本不起爆也根本不爆燃，在封闭条件下加热时呈现微弱效应或无效应的自反应物质，如 1-三氯锌酸-4-二甲氨基重氮苯。

⑥ F 型：实验中根本不在空化状态下起爆也根本不爆燃，在封闭条件下加热时只呈现微弱效应或无效应，而且爆炸力弱或无爆炸力的自反应物质。

⑦ G 型：实验中根本不在空化状态下起爆也根本不爆燃，在封闭条件下加热时显示无效应，而且无任何爆炸力的自反应物质。该物质或混合物应是热稳定的（50kg 包装的自加速分解温度为 $60 \sim 75℃$），对于液体混合物，所用脱敏稀释剂的沸点不低于 $150℃$，如果该混合物不是热稳定的，或用脱敏稀释剂的沸点低于 $150℃$，则该混合物应确定为 F 型自反应物质。

3.5.3.3 危险特性

（1）无氧易爆性

自反应物质在没有空气、氧气供给下也可发生激烈放热分解反应，部分自反应物质具有爆炸物性质，易引发爆炸事故。

（2）自燃危险性

自热物质暴露在空气中，不需要能量供应就能够发生自燃，若不及时发现，则可引起火灾安全事故。

3.5.3.4 储存注意事项

自热物质和自反应物质应储存于通风、干燥、阴凉处，远离火种、热源。库温不超过 $25℃$，相对湿度不超过 75%。应专柜存放，不得混储。自热物质应按需采购，不宜储存过多。使用和搬运时不得摩擦、撞击、倾倒。自热物质和自反应物质应配置 GHS 规范的警示标签，标签要素如表 3.11 和表 3.12 所示。

表 3.11　自热物质标签配置

危害性	危害性公示要素	
1	象形图	
	警示语	危险
	危害性说明	自热,可能引起火灾
2	象形图	
	警示语	危险
	危害性说明	大量时,自热,可能引起火灾

表 3.12　自反应物质标签配置

危害性	危害性公示要素	
A 型	象形图	
	警示语	危险
	危害性说明	加热可能引起爆炸
B 型	象形图	
	警示语	危险
	危害性说明	加热可能引发火灾或爆炸
C 型和 D 型	象形图	
	警示语	危险
	危害性说明	加热可能引发火灾
E 型和 F 型	象形图	
	警示语	警告
	危害性说明	加热可能引发火灾
G 型	象形图	无象形图
	警示语	
	危害性说明	

3.5.3.5　实验室常见自热物质应用举例

锌粉为深灰色的细小粉末，有毒，吸入锌在高温下形成的氧化锌烟雾可致金属烟雾热，症状有口中金属味、口渴、胸部紧束感、干咳、头痛、头晕、高热、寒战等；粉尘对眼有刺激性。锌粉具强还原性，与水、酸类或碱金属氢氧化物接触能放出易燃的氢气。与氧化剂、硫黄反应会引起燃烧或爆炸。粉末与空气能形成爆炸性混合物，易被明火点燃引起爆炸，潮湿粉尘在空气中易自行发热燃烧。锌粉应储存于阴凉、干燥、通风良好的库房。远离火种、热源。库温不超过25℃，相对湿度不超过75%。包装密封，应与氧化剂、酸类、碱类、胺类、氯代烃等分开存放，切忌混储。采用防爆型照明、通风设施。

3.6　氧化性物质和有机过氧化物

3.6.1　概述

氧化性物质，是指本身未必可燃，但通常会放出氧气，引起或促使其他物质燃烧的一种化学性质比较活泼的物质。根据其形态分为氧化性液体和氧化性固体，通过《全球化学品统一分类和标签制度》（GHS）标准试验，再根据其氧化性的大小，氧化性液体和氧化性固体又可分为三类：类别1、类别2和类别3。常见的氧化性液体有硝酸、发烟硝酸、高氯酸、双氧水、浓硫酸等，其中属于类别1的有高氯酸、双氧水、发烟硝酸。常见的氧化性固体有高锰酸钾、氯酸盐类、高氯酸盐类、重铬酸盐类、硝酸盐类、过氧化物和超氧化物等，属于类别1的有高氯酸钾、氯酸钠、过氧化钠、超氧化钠等。这类物质本身不一定可燃，但能导致可燃物的燃烧，与粉末状可燃物组成爆炸性混合物，对震动、摩擦、热较为敏感，属于危险系数较高的化学品。

有机过氧化物可理解为过氧化氢中的氢原子被烷基、酰基、芳香基等有机基团置换而形成的含有—O—O—过氧官能团的有机化合物。有机过氧化物具有热不稳定的性质，通常对热、震动、摩擦极为敏感，易爆炸分解，迅速燃耗。

有机过氧化物按其危险性大小划分为7种类型：

① A型：指在包件中可能起爆或快速爆燃，或在封闭状态下加热时呈现剧烈效应的有机过氧化物，因其有敏感易爆性，应按爆炸品对待。

② B型：指有爆炸性，配置品在包装运输时不起爆，也不会快速爆燃，但在包装件内部可能产生热爆炸的有机过氧化物，如过氧化异丁酸叔丁酯、过氧化乙酰磺酰环己烷、过氧化甲基乙基酮、间氯过氧苯甲酸等。

③ C型：指在包装运输时不可能起爆或快速爆燃或发生热爆炸，但仍具有潜在爆炸可能的有机过氧化物，如过氧化叔丁基二乙基乙酸酯、叔丁基过氧-2-甲基苯甲酸酯、过氧化叔戊基新戊酸酯等。

④ D型：指在封闭条件下进行加热试验时，呈现部分起爆，但不快速爆燃且不呈现剧烈效应，或不起爆但可缓慢爆燃并不呈现剧烈效应，或不起爆爆燃，但呈现中等效应的有机过氧化物，如过氧化氢叔辛基、过氧化乙酰磺酰环己烷等。

⑤ E型：指在封闭条件下进行加热试验时，不起爆、不爆燃，只呈现微弱效应或无效应的有机过氧化物，如叔丁基过氧化氢、过氧化月桂酸等。

⑥ F型：指在封闭条件下进行加热试验时，既不爆燃，也不引起空化状态的爆炸，只呈现微弱效应或无效应的有机过氧化物，如过氧乙酸、过氧化氢二异丙苯等。

⑦ G型：指在封闭条件下进行加热试验时，既不引起空化状态的爆炸，也不爆燃，

且没有任何爆炸力的有机过氧化物。

3.6.2 氧化性物质和有机过氧化物的危险特性

（1）敏感性

许多氧化剂如有机过氧化物、硝酸盐类、氯酸盐类等对摩擦、震动、撞击极为敏感。储存和运输中要轻装轻卸，以免增加其摩擦、震动、撞击等而发生危险。

（2）强弱氧化剂反应

接触后会发生复分解反应，放出大量的热而引起燃烧、爆炸，如次氯酸盐、亚氯酸盐、亚硝酸盐等遇到比它强的氧化剂时显示还原性，发生剧烈反应而导致危险。

（3）强氧化性

过氧化物含有过氧基，很不稳定，易分解放出氧，无机过氧化物含有高价态的氮、氯、锰、铬、溴等元素，具有较强获得电子和氢的能力，遇还原剂、有机物、易燃物品、可燃物等发生剧烈化学反应引起燃烧、爆炸。

（4）与水作用分解

活泼金属的过氧化物，如过氧化钾经摩擦和与少量水接触可导致燃烧或爆炸；过氧化钠等，遇水分解放出氧气和热量，有助燃性，能使可燃物燃烧，所以这类氧化剂不得受潮；灭火时禁止用水。

（5）与酸作用分解

大多数氧化剂，特别是碱性氧化剂，遇酸反应剧烈，甚至发生爆炸，如过氧化钾、过氧化钠、过氧化二苯甲酰、氯酸钾、高锰酸钾等遇硫酸立即发生爆炸。

（6）遇热分解性

氧化剂遇高温易分解出氧和热量，极易引起燃烧、爆炸。特别是有机过氧化物分子组成中的过氧键很不稳定，易分解放出原子氧，而且有机过氧化物本身就是可燃物，易着火燃烧，受热分解均产生气体，更易引起爆炸。因此，有机过氧化物比无机过氧化物更容易引起火灾和爆炸事故。

（7）毒性和腐蚀性

一些金属的过氧化物有较强的腐蚀性，如三氧化铬、重铬酸盐等既有毒，又会烧伤皮肤。有机过氧化物容易对眼睛造成伤害，如叔丁基过氧化氢、过氧化环己酮等化合物即使和眼睛只有短暂接触，也会对角膜造成严重损伤。

3.6.3 氧化性物质和有机过氧化物的储存

① 氧化性液体、氧化性固体和有机过氧化物都属易制爆危险化学品，其领用、储存应符合相关法律法规，做到严格管控，令行禁止。

② 氧化剂应储存于清洁、阴凉、通风、干燥的库房内。远离火种、热源，防止阳光暴晒，照明设备要防爆。

③ 库房不得漏水，并应防止酸雾侵入。严禁与酸类、易燃物、有机物、还原剂、自燃物品、遇湿易燃物品等混合储存。

④ 不同品种的氧化剂，应根据其性质及消防方法的不同，选择适当的库房分类存放。如有机过氧化物不得与无机氧化剂共储；亚硝酸盐类、亚氯酸盐类、次氯酸盐类均不得与其他氧化剂混储，过氧化物则应专库存放。

⑤ 储存时应配置 GHS 规范的相应警示标签，有机过氧化物标签包含了公司名称、街

名及号码、国家、省、城市、邮编、电话号码、使用说明、注意事项、象形图等，具体如表 3.13 和表 3.14 所示。

表 3.13　氧化性物质标签要素

氧化性物质			
类别	信号词	危险说明	危险物象形图
类别 1	危险	可引起燃烧或爆炸；强氧化剂	
类别 2	危险	可加剧燃烧；氧化剂	
类别 3	警告	可加剧燃烧；氧化剂	

表 3.14　有机过氧化物标签要素

有机过氧化物			
类别	信号词	危险说明	危险物象形图
A 型	危险	加热可引起爆炸	
B 型	危险	加热可引起燃烧或爆炸	 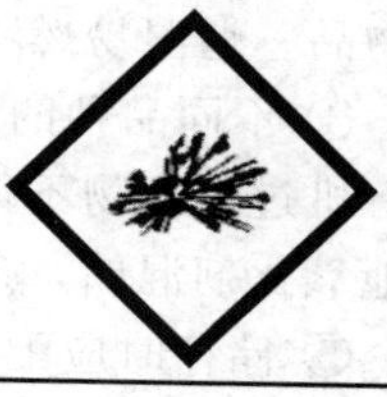

		有机过氧化物	
类别	信号词	危险说明	危险物象形图
C型/D型	危险	加热可引起燃烧	
E型/F型	警告	加热可引起燃烧	

3.6.4 高校实验室常见氧化性物质和有机过氧化物

（1）过氧化钠

过氧化钠是一种无机化合物，化学式为 Na_2O_2，为米黄色粉末或颗粒。加热至460℃时分解。在空气中迅速吸收水分和二氧化碳。与有机物接触会导致燃烧或爆炸，应储存于阴凉、干燥、通风良好的库房，远离火种、热源，库温不超过35℃，相对湿度不超过75％，包装密封。注意防潮和雨淋，应与还原剂、酸类、醇类、活性金属粉末等分开存放，切忌混储，储区应备有合适的材料收容泄漏物。禁配物：强还原剂、水、酸类、易燃或可燃物、醇类、二氧化碳、硫黄、活性金属粉末。避免接触的条件：摩擦、潮湿空气。

（2）硝酸

硝酸是一种具有强氧化性、腐蚀性的一元无机强酸，也是一种重要的化工原料，化学式为 HNO_3，其水溶液俗称硝镪水或氨氮水。在工业上可用于制化肥、农药、炸药、染料等；在有机化学中，浓硝酸与浓硫酸的混合液是重要的硝化试剂。纯硝酸为无色透明液体，浓硝酸为淡黄色液体（溶有二氧化氮），正常情况下为无色透明液体，有窒息性刺激气味。储存于阴凉、通风的库房。远离火种、热源。库温不超过30℃，相对湿度不超过80％。保持容器密封。应与还原剂、碱类、醇类、碱金属等分开存放，切忌混储。储区应备有泄漏应急处理设备和合适的收容材料。

3.7 健康危害物质

3.7.1 概述

急性毒性是指机体（人或实验动物）一次（或24h内多次）接触外来化合物之后所引起的中毒效应，甚至引起死亡。分为急性口服毒性、皮肤接触毒性和吸入毒性，分别用口服毒性半数致死量 LD_{50}、皮肤接触毒性半数致死量 LD_{50}、吸入毒性半数致死浓度 LC_{50}

衡量。

毒性物质指经口摄取半数致死量：固体 $LD_{50}\leqslant200mg/kg$ 体重，液体 $LD_{50}\leqslant500mg/kg$ 体重；经皮肤接触 24h，半数致死量 $LD_{50}\leqslant1000mg/kg$ 体重；粉尘、烟雾吸入半数致死浓度 $LC_{50}\leqslant10mg/L$ 的固体或液体。按毒性物质进入人体的三种途径，即呼吸道、皮肤和消化道的毒性大小，可将毒性物质分为五个类别，见表 3.15。

表 3.15　毒性物质的分类及急性毒性估计值

接触途径	类别 1	类别 2	类别 3	类别 4	类别 5
经口/(mg/kg)	5	50	300	2000	
经皮肤/(mg/kg)	50	200	1000	2000	
气体/(mL/L)	0.1	0.5	2.5	5	5000
蒸气/(mg/L)	0.5	2.0	10	20	
粉尘和烟雾/(mg/L)	0.05	0.5	1.0	5	

从类别 5 到类别 1，毒性逐渐增加。其中，类别 1 属于剧毒化学品，是指具有剧烈急性毒性危害的化学品，包括人工合成的化学品及其混合物和天然毒素，还包括具有急性毒性易造成公共安全危害的化学品。根据以下条件之一判定：大鼠实验，吸入（4h）$LC_{50}\leqslant100mL/m^3$（气体）或 $0.5mg/L$（蒸气）或 $0.05mg/L$（尘、雾），经皮肤 $LD_{50}\leqslant50mg/kg$，经口腔 $LD_{50}\leqslant5mg/kg$。此外，无机剧毒化学品多为含有磷、砷、汞、铅、氰基等的化合物。有机剧毒化学品除含有磷、汞、铅、氰基外，还有一些如生物碱、聚醚、萜类等剧毒的天然产物，其结构没有一定规律。

3.7.2　急性毒性物质的危险特性

（1）分散性

固体毒物颗粒越小，分散性越好，特别是一些悬浮于空气中的毒物颗粒，更易吸入肺泡而中毒。如硅肺病就是由于吸入 $0.25\sim0.5\mu m$ 大小的含有二氧化硅的粉尘造成的。故毒性物质的分散性越好，毒性越强。

（2）侵入性

有毒品通过消化道侵入人体的危险性比通过皮肤更大，因此进行有毒品作业时应严禁饮食、吸烟等。有毒品经过皮肤破裂的地方侵入人体，会随血液蔓延全身，加快中毒速度。因此，在皮肤破裂时，应停止或避免对有毒品的操作。

（3）挥发性

大多数毒性物质沸点较低，其挥发性强，易引起蒸气吸入中毒，增加中毒概率。有些毒性物质无色无味，隐蔽性强，更易引起中毒。

（4）溶解性

很多毒性物质水溶性较强，易被人体吸收，危险性极大。但脂溶性强的毒性物质也可溶于脂肪中，能通过溶解于皮肤表面的脂肪层侵入毛孔或渗入皮肤而引起中毒。

3.7.3　急性毒性物质的储存

急性毒性物质的储存注意事项有以下几点：

① 高校实验室急性毒性物质的使用要由负责人审批，要设有防盗保险柜和专用库房，

双人保管、双人领取验收、双人使用、双锁、双账的"五双"原则。

② 还应配有防泄漏、防毒、消毒、中和等安全器材和设施。

③ 急性毒性物质的管理（包括购买、领取、使用、保管等）要根据国务院、公安部和地方的相关法规标准严格执行。

④ 急性毒性物质必须有警示标签，如各类别危险物的象形图、危险说明等，具体见表 3.16 所示。

表 3.16　急性毒性物质标签要素

急性毒性物质			
类别	信号词	危险说明	危险物象形图
类别 1	危险	吞咽致死 皮肤接触致死 吸入致死	（骷髅和交叉骨象形图）
类别 2	危险	吞咽致死 皮肤接触致死 吸入致死	（骷髅和交叉骨象形图）
类别 3	危险	吞咽中毒 皮肤接触中毒 吸入中毒	（骷髅和交叉骨象形图）
类别 4	警告	吞咽有害 皮肤接触有害 吸入有害	（感叹号象形图）
类别 5	警告	吞咽可能有害 皮肤接触可能有害 吸入可能有害	无象形图

3.7.4　高校实验室常见的急性毒性物质

（1）硝基苯

硝基苯是一种有机化合物，化学式为 $C_6H_5NO_2$，呈无色或微黄色，具苦杏仁味，油状液体。难溶于水，密度比水大，易溶于乙醇、乙醚、苯和油。遇明火、高热会燃烧、爆炸。硝基苯毒性较强，若吸入大量蒸气或皮肤大量沾染，可引起急性中毒，使血红蛋白氧化或络合，血液变成深棕褐色，并引起头痛、恶心、呕吐等。若不慎中毒，中毒人员立即离开现场，到空气新鲜的地方，脱去被沾染的外衣，用大量的水冲洗皮肤、漱口，大量饮水，催吐，立即送医。着火时用大量水和干粉灭火器、泡沫灭火器、二氧化碳灭火器等灭火。

（2）三氧化二砷

三氧化二砷是一种无机化合物，化学式为 As_2O_3，俗称砒霜，剧毒，也是最古老的毒物之一，无臭无味，为白色霜状粉末。若遇高热，升华产生剧毒的气体。口服三氧化二砷会恶心，呕吐，腹痛，大便有时混有血液，四肢痛性痉挛，少尿，无尿昏迷，抽搐，呼吸麻痹而死亡。可在急性中毒的 1~3 周内发生周围神经病变。可发生中毒性心肌炎、肝炎。大量吸入亦可引起急性中毒，但消化道症状轻，指（趾）甲上出现米氏线。

储存于阴凉、通风良好的专用库房内，实行"双人收发、双人保管"制度。远离火种、热源，防止阳光直射。包装必须密封，应与食用化学品、碱类、酸类等分开存放，切忌混储，储区应备有合适的材料收容泄漏物。

3.7.5 其他健康危害物质

3.7.5.1 概述

健康危害物质还包括致畸物、致癌物、致突变物、致敏物以及吸入危害物质、特异性靶器官毒性物质，其包括一次接触和多次接触。

致突变、致癌和致畸效应称为遗传毒理的"三致"效应。致突变物质指可引起人体生殖细胞突变并能遗传给后代的化学品，包括氟化乙烯、氯丁二烯、氯乙烯、甲醛、苯等。致癌物质指能诱发癌症或增加癌症发病率的化学品，如三氧化二砷、黄曲霉毒素 B_1、4-氨基联苯等。致畸物质是指对胚胎产生不良影响，会导致胎儿生长迟缓或免疫系统等发育不全，甚至会导致胎儿畸形、死胎等的毒性物质。常见致畸化学品有阿巴克丁、有机汞化合物、有机溶剂类、放射性物质、白消安、麻醉剂、氨基蝶呤等。GHS 规定具有"三致"效应的物质根据其危害大小分别分类为类别 1A、类别 1B 和类别 2。

致敏物指皮肤接触过敏或吸入会导致呼吸道过敏的物质，包括强致敏物质（类别 1 和类别 1A）和其他过敏物（类别 1B）。常见的皮肤强致敏物有苯胺、苯甲酰氯、甲醛、松节油等；常见的呼吸道和皮肤强致敏物质有哌嗪、重铬酸钠（钾、铵）、乙二胺、戊二醛等。

吸入危害物质是指通过鼻腔、口腔直接吸入的气体、挥发性液体和气溶胶等化学品。这些化学药品经呼吸道进入人体，对人类生命健康造成重大威胁，分为两个类别：类别 1 和类别 2。

特异性靶器官毒性物质可能通过与人类有相关性的任何途径发生，即主要经过口腔、经过皮肤或吸入发生，主要针对某一特定器官。表现出一次接触或反复接触物质引起的特异性、非致死性的靶器官毒性作用，导致人体健康状况异常、可逆的和不可逆的、即时的和迟发的功能损害。根据对相应靶器官毒性的显著性，一次接触特异性靶器官毒性可分为三类：类别 1 指一次接触后，可以确定对器官造成损害的物质，如甲醇、二硫化碳、二氧化硒等；类别 2 指一次接触后，不能确定是否对器官造成损害的物质，如硫氢化钠、呋喃等；类别 3 指具有麻醉效应、对呼吸道有刺激的物质，如 1,2-二溴乙烷、发烟硫酸等。

多次接触特异性靶器官毒性可分为两类：类别1指长时间或反复接触确定对器官造成损害的物质，比如邻苯二甲酸苯胺、硫化镉等；类别2指长时间或反复接触可能对器官造成损害的物质，比如间二硝基苯、甲苯等。

3.7.5.2　危害特性

（1）"三致"物质的危害

致癌物可能导致人类患癌症，如无机致癌物钴、镭、氡可能由于其放射性而致癌；镍、铬、铅、铍及其某些盐类均可在一定条件下致癌，其中镍和钛的致癌性最强。

致畸物可能使受精卵未发育即死亡，或胚泡未着床即死亡，或着床后生长发育到一定阶段死亡；可能引起胚胎死亡和畸形的毒物多数能引起生长迟缓，生长迟缓造成的局部发育不全可视为畸形，如脑小畸形和眼小畸形等；可能会造成器官系统、免疫等功能的缺陷。

突变本来是生物界的一种自然现象，是生物进化的基础，但对大多数生物个体往往有害。哺乳动物的生殖细胞如发生突变，可以影响妊娠过程，导致不孕和胚胎早期死亡等；体细胞的突变，可能是形成肿瘤的基础。

（2）致敏物的危害

致敏物若累及呼吸道、鼻黏膜可引起过敏性哮喘、鼻痒、打喷嚏、流清鼻涕，累及眼结膜可引起眼痒，结膜充血，流眼泪；若累及皮肤可引起荨麻疹、过敏性接触性皮炎、湿疹等皮肤疾病，并伴明显瘙痒，严重影响夜间睡眠和白天的工作、活动。而急性过敏反应可能导致窒息死亡。

3.7.5.3　储存注意事项

① 致畸、致癌、致突变等其他健康危害性化学品应实行双人领取验收、双人使用、双人保管、双锁、双账的"五双"原则。要根据国务院、公安部和地方相关法规标准严格管理（包括购买、领取、使用、保管等），危害性大的物质应设有专用库房并配有防盗保险柜。

② 放射性物质主要危险性是对人体有严重危害，如致畸、致癌、致突变等，所以其管理与其他健康危害物质相比更为严格，必须由专人负责保管。

③ 放射性物质应按国家规定设置明显的放射性标志，单独存放，不得与易燃、易爆、腐蚀性物质一起存放，仓库应干燥、通风、平坦，要划出警戒线，并采取一定的屏蔽防护、报警装置等。

④ 致敏物、三致物质、吸入危害物质等标签要素的配置见表3.17～表3.21所示。

表 3.17　呼吸道致敏物和皮肤致敏物标签要素

类别	呼吸道致敏物			皮肤致敏物		
	类别1	类别1A	类别1B	类别1	类别1A	类别1B
危险物象形图						

	呼吸道致敏物			皮肤致敏物		
类别	类别 1	类别 1A	类别 1B	类别 1	类别 1A	类别 1B
信号词	危险	危险	危险	警告	警告	警告
危险说明	吸入可能导致过敏或哮喘症状或呼吸困难	吸入可能导致过敏或哮喘症状或呼吸困难	吸入可能导致过敏或哮喘症状或呼吸困难	可能导致皮肤过敏反应	可能导致皮肤过敏反应	可能导致皮肤过敏反应

表 3.18　致癌性、致突变性和致畸性物质标签要素

致癌性、致突变性和致畸性			
类别	类别 1A	类别 1B	类别 2
危险物象形图			
信号词	危险	危险	警告
危险说明	可致癌/可引起遗传性突变/可能损伤生育力或胎儿	可致癌/可引起遗传性突变/可能损伤生育力或胎儿	可致癌/可引起遗传性突变/可能损伤生育力或胎儿

表 3.19　吸入危害物质标签要素

吸入危害化学品		
类别	类别 1	类别 2
危险物象形图		
信号词	危险	警告
危险说明	吞咽及进入呼吸道可能致命	吞咽及进入呼吸道可能致命

表 3.20　特异性靶器官毒性一次接触的标签要素

特异性靶器官毒性一次接触			
类别	类别 1	类别 2	类别 3
危险物象形图			
信号词	危险	警告	警告
危险说明	对某器官造成损害	可能对某器官造成损害	可能引起呼吸道刺激或昏昏欲睡、眩晕

表 3.21　特异性靶器官毒性多次接触的标签要素

	特异性靶器官毒性多次接触	
类别	类别 1	类别 2
危险物象形图		
信号词	危险	警告
危险说明	长时间或反复接触对某器官造成损害	长时间或反复接触可能对某器官造成损害

3.8　腐蚀性物质

3.8.1　概述

　　腐蚀性物质是指能灼伤人体组织并对金属等物品造成损坏的固体或液体，主要是一些酸类和碱类以及能够分解产生酸和碱的物质。根据腐蚀性化学品的危害对象，GHS 将腐蚀作用分类为金属腐蚀性、皮肤腐蚀/刺激性、严重眼损伤/眼刺激性。

　　金属腐蚀性物质是指通过化学作用会显著损伤或甚至毁坏金属的物质或混合物，如氢溴酸、氢氯酸、氢碘酸、高氯酸、硫酸、硝酸、王水等。金属腐蚀物判断依据为在实验温度 55℃下，钢或铝表面的腐蚀速率超过 6.25mm/a。该类物质只有一个类型：类别 1A。

　　严重眼损伤性指将受试物施用于眼睛前部表面进行暴露接触，引起了眼部组织损伤，或出现严重的视觉衰退，且在暴露后的 21d 内不能完全恢复。

　　眼刺激性指将受试物施用于眼睛前部表面进行暴露接触后，眼睛发生改变，且在暴露后的 21d 内出现的改变可完全消失，恢复正常。根据损伤性的大小，该类物质可分为两类：类别 1 可造成严重眼损伤，如黄磷、硫酸二甲酯等；类别 2A 可造成严重眼刺激，如丙腈、硝酸钡等；类别 2B 可造成眼刺激，如甲硫醚、3-硝基甲苯等。

　　皮肤腐蚀性指可对皮肤造成不可逆损害，即将受试物涂敷在皮肤 4h 后，能出现可见的皮肤表皮至真皮的坏死，腐蚀反应包括溃疡、出血、血痂等。

　　皮肤刺激性指将受试物施用 4h 后，对皮肤造成可逆性损害。皮肤腐蚀/刺激性分为三类：类别 1 腐蚀物、类别 2 刺激物和类别 3 轻度刺激物，类别 1 腐蚀物又分为 1A、1B、1C 三个类别。腐蚀物 1A 包括各种强酸，以及氯化亚砜、氢氟酸、氢化铝锂等；腐蚀物 1B 包括硫酸氢钾、环氧氯丙烷、氯磺酸等；腐蚀物 1C 比如硼氢化钠、对甲苯磺酰氯等；类别 2 刺激物包括铬酸钾、环己烷、甲苯等。

3.8.2　具有腐蚀性、刺激性物质的危险特性

3.8.2.1　腐蚀性

　　腐蚀品具有强烈的腐蚀性，主要是由于这类物品具有酸性、碱性、氧化性或吸水性。

① 对人体有腐蚀作用，造成化学灼伤。腐蚀品使人体细胞受到破坏所形成的化学灼伤，与火烧伤、烫伤不同。化学灼伤在开始时往往不太痛，待发觉时，部分组织已经灼伤坏死，所以较难治愈，产生不可逆的永久伤害。腐蚀性物质可刺激、损伤眼睛，严重时可造成不可逆的失明、视力下降等伤害。

② 对金属有腐蚀作用。腐蚀品中的酸和碱甚至盐类都能引起金属不同程度的腐蚀，特别是其局部腐蚀作用危害性大，可能造成突发性、灾难性的爆炸、火灾等事故。

③ 对有机物质有腐蚀作用。能和布匹、木材、纸张、皮革等发生化学反应，使其遭受腐蚀而损坏。

④ 对建筑物有腐蚀作用。如酸性腐蚀品能腐蚀库房的水泥地面，而氢氟酸能腐蚀玻璃。

3.8.2.2 氧化性

部分无机酸性腐蚀品，如浓硝酸、浓硫酸、高氯酸等具有氧化性能，遇有机化合物如食糖、稻草、木屑、松节油等易因氧化发热而引起燃烧。高氯酸浓度超过 72% 时通常极易爆炸，属于爆炸品，高氯酸浓度低于 72% 时属无机酸性腐蚀品，但遇还原剂、受热等也会发生爆炸。

3.8.2.3 毒害性

多数腐蚀品具有不同程度的毒性，如发烟氢氟酸的蒸气在空气中即使很短的时间接触也具有毒害性。

3.8.2.4 易燃性

部分有机腐蚀品遇明火易燃烧，如冰醋酸、乙酸酐、苯酚等。

3.8.3 腐蚀性、刺激性物质的储存

① 腐蚀性物质购买时需确保包装完整稳妥，需隔离存放，且包装需耐腐蚀，需由专人管理，并在仓库留有对应腐蚀性物质的安全数据表（SDS）报告。

② 储存于阴凉、通风的库房，保持容器密封。远离火种、热源，工作场所严禁吸烟。远离易燃、可燃物。避免与还原剂、碱类、碱金属接触。

③ 各种腐蚀物的象形图及对应的危险说明见表 3.22～表 3.24 所示。

表 3.22　金属腐蚀物安全标签要素

金属腐蚀物			
类别	信号词	危险说明	危险物象形图
类别 1A	警告	可能腐蚀金属	

表 3.23　皮肤腐蚀/刺激物标签要素

皮肤腐蚀/刺激物			
类别	信号词	危险说明	危险物象形图
类别 1A	危险	造成严重皮肤灼伤和眼损伤	
类别 1B	危险	造成严重皮肤灼伤和眼损伤	
类别 1C	危险	造成严重皮肤灼伤和眼损伤	
类别 2	警告	造成皮肤刺激	
类别 3	警告	造成轻微皮肤刺激	无象形图

表 3.24　严重眼刺激/损伤物标签要素

严重眼刺激/损伤物			
类别	信号词	危险说明	危险物象形图
类别 1	危险	造成严重眼损伤	
类别 2A	警告	造成严重眼刺激	
类别 2B	警告	造成眼刺激	无象形图

3.8.4 高校实验室常见腐蚀性和刺激性物质

（1）氢氟酸

氟化氢气体的水溶液，清澈，无色，具有极强的腐蚀性，能强烈地腐蚀金属、玻璃和含硅的物体。剧毒，如吸入蒸气或接触皮肤，会造成难以治愈的灼伤。实验室一般用萤石（主要成分为氟化钙）和浓硫酸来制取，需要密封在塑料瓶中，并保存于阴凉处。

（2）苯酚

既有腐蚀性，又有毒性和燃烧性，吸入、摄入、皮肤吸收可造成伤害。接触时戴好合适的手套和护目镜，穿好防护服，在通风橱内操作。若皮肤接触药物，可用大量清水冲洗，并用肥皂和水清洗，不要用乙醇洗。

（3）硫酸（H_2SO_4）

硫酸为透明、无色、无味的油状液体，有杂质时颜色变深甚至发黑。浓硫酸有强烈的吸水性和氧化作用，与水剧烈反应放出大量热。有强腐蚀性，对皮肤、黏膜有刺激和腐蚀作用，酸雾对黏膜的刺激作用比二氧化硫强，主要使组织脱水，蛋白质凝固，可造成局部坏死。硫酸应储存于阴凉、通风的库房。库温不超过 35℃，相对湿度不超过 85%。保持容器密封。远离火种、热源，工作场所严禁吸烟。远离易燃、可燃物。防止蒸气泄漏到工作场所空气中。避免与还原剂、碱类、碱金属接触。

3.9 环境污染物

3.9.1 概述

环境污染物包括危害水生环境物质和破坏臭氧层物质。

对水生生物造成危害的物质称为危害水生环境物质，包括慢性水生毒性物质和急性（短期）水生毒性物质。慢性水生毒性物质在水中长时间暴露，对水生生物造成较严重危害，时间的长短应根据生物体的生命周期确定；慢性水生毒性主要根据藻类生长抑制试验、鱼类早期生活阶段毒性试验来确定。根据水生生物慢性试验数据，慢性水生毒性物质分为四个类别，类别 1：α-蒎烯、偏砷酸、萘等，类别 2：正己烷、三氯化锑、石油醚等；类别 3：苯酚溶液、金属钡、正戊酸等。

急性水生毒性物质在水中短时间内对水生生物造成毁灭性的危害。根据水生生物急性毒性实验，急性水生毒性物质分为三个类别，类别 1：高锰酸钾、马钱子碱、二氧化硒等；类别 2：氯磺酸、甲苯、硫酸二甲酯等。

危害臭氧层物质指《关于消耗臭氧层物质的蒙特利尔议定书》附件中列出的受管制的物质，如全卤化氟氯化碳、哈龙、氟氯化碳、三氯乙烷、四氯化碳、溴氯甲烷、甲基溴、氟溴烃、氟氯烃。这类物质对臭氧层的破坏，致使照射到地面的太阳光紫外线增强。其中波长为 240～329nm 的紫外线对生物细胞具有很强的杀伤作用，对生物圈中的生态系统和各种生物，包括人类，都会产生不利的影响。

3.9.2 环境污染物的危险特性

（1）毒性

污染物中的氰化物、砷及其化合物、汞、铍、铅、有机磷和有机氯等的毒性都是很强的。

（2）时空分布性

污染物进入环境后，随着水和空气的流动被稀释扩散，可能造成由点源到面源更大范围的污染，而且在不同空间的位置上，污染物的浓度和强度分布随着时间的变化而不同，这是由污染物的扩散性和环境因素所决定的，水溶解性好的或挥发性强的污染物，常能被扩散输送到更远的距离。

（3）活性和持久性

活性和持久性表明污染物在环境中的稳定程度。活性高的污染物质，在环境中或在处理过程中易发生化学反应生成比原来毒性更强的污染物，构成二次污染，严重危害人体及生物。

（4）生物可分解性

有些污染物能被生物所吸收、利用并分解，最后生成无害的稳定物质。大多数有机物都有被生物分解的可能性。

（5）生物累积性

有些污染物可在人类或生物体内逐渐积累、富集，尤其在内脏器官中的长期积累，由量变到质变引起病变发生，危及人类和动植物健康。

（6）对生物体作用的加和性

在环境中，只存在一种污染物质的可能性很小，往往是多种污染物质同时存在，考虑多种污染物对生物体作用的综合效应是必要的。

3.9.3　环境污染物的存储注意事项

环境污染主要来源于违规处理与排放环境污染物。高校实验室中的环境污染物应按法律法规安全进行处理，不能随意丢弃。为防止实验室的污染扩散，污染物的一般处理原则为：分类收集、存放，分别集中处理。尽可能采用废物回收以及固化、焚烧处理，在实际工作中选择合适的方法进行检测，尽可能减少废物量、减少污染。废弃物排放应符合国家有关环境排放标准。

一般的有毒气体可通过通风橱或通风管道，经空气稀释排出。大量的有毒气体必须通过与氧充分燃烧或吸收处理后才能排放。

废液应根据其化学特性选择合适的容器和存放地点，通过密闭容器存放，不可混合贮存，容器标签必须标明废物种类、贮存时间，定期处理。一般废液可通过酸碱中和、混凝沉淀、次氯酸钠氧化处理后排放，有机溶剂废液应根据性质进行回收。

环境污染的安全标识要素配置见表 3.25～表 3.27 所示。

表 3.25　危害水生环境慢性毒性物标签要素

慢性毒性				
类别	类别 1	类别 2	类别 3	类别 4
危险物象形图				无象形图

		慢性毒性		
类别	类别 1	类别 2	类别 3	类别 4
信号词	警告	无信号词	无信号词	无信号词
危险说明	对水生生物毒性极大并具有长期持续影响	对水生生物有毒并具有长期持续影响	对水生生物有害并具有长期持续影响	可能对水生生物造成长期持续有害影响

表 3.26　危害水生环境急性毒性物标签要素

		急性毒性	
类别	类别 1	类别 2	类别 3
危险物象形图		无象形图	
信号词	警告	无信号词	无信号词
危险说明	对水生生物毒性极大	对水生生物有毒	对水生生物有害

表 3.27　危害臭氧层的物质标签要素

	危害臭氧层的物质
危险物象形图	
信号词	警告
危险说明	破坏高层大气中的臭氧,危害公共健康和环境

3.10　易制毒化学品

3.10.1　概述

　　易制毒化学品是指国家规定管制的可用于制造毒品的前体、原料和化学助剂等物质。为了加强易制毒化学品管理,规范易制毒化学品的生产、经营、购买、运输和进口、出口行为,防止易制毒化学品被用于制造毒品,维护经济和社会秩序,国家制定并出台了《易制毒化学品管理条例》。根据《易制毒化学品管理条例》,目前我国列管了共三类易制毒化学品,见表 3.28 所示。

表 3.28　易制毒化学品的分类和品种目录

分类	易制毒化学品品种
第一类	麻黄素,伪麻黄素,消旋麻黄素,去甲麻黄素,甲基麻黄素,麻黄浸膏,麻黄浸膏粉等,胡椒醛,黄樟素,黄樟油,异黄樟素,N-乙酰邻氨基苯酸,邻氨基苯甲酸,麦角酸,麦角胺,麦角新碱,1-苯基-2-丙酮、3,4-亚甲基二氧苯基-2-丙酮,邻氯苯基环戊酮,N-苯乙基-4-哌啶酮,4-苯胺基-N-苯乙基哌啶,N-甲基-1 苯基-1-氯-2-丙胺,羟亚胺,1-苯基-2-溴-1-丙酮,3-氧-2-苯基丁腈
第二类	苯乙酸,乙酸酐,三氯甲烷,乙醚,哌啶,1-苯基-1-丙酮,溴素,2-苯乙酰乙酸甲酯,2-乙酰乙酰苯胺,3,4-亚甲基二氧苯基-2-丙酮缩水甘油醇,3,4-亚甲基二氧苯基-2-丙酮缩水甘油酯
第三类	甲苯,丙酮,甲基乙基酮,高锰酸钾,硫酸,盐酸,苯乙腈,γ-丁内酯

第一类主要是用于制造毒品的原料;第二类、第三类主要是用于制造毒品的配剂,例如苯乙酸、乙酸酐、甲苯、硫酸等,其中,第一类和第二类所列物质可能存在盐类,也纳入管制。

3.10.2　常见易制毒化学品

（1）乙醚

乙醚,化学式为 $C_4H_{10}O$,无色透明液体,有刺激性气味,带有甜味,极易挥发。主要作用为全身麻醉。急性大量接触,早期出现兴奋,继而嗜睡、呕吐、面色苍白、脉缓、体温下降和呼吸不规则进而有生命危险。急性接触后的暂时后作用有头痛、易激动或抑郁、流涎、呕吐、食欲下降和多汗等。液体或高浓度蒸气对眼有刺激性。其蒸气与空气可形成爆炸性混合物,遇明火、高热极易燃烧爆炸。与氧化剂能发生强烈反应。在空气中久置后能生成有爆炸性的过氧化物。在火场中,受热的容器有爆炸危险。其蒸气比空气重,能在较低处扩散到相当远的地方,遇火源会着火回燃。

（2）3,4-亚甲基二氧苯基-2-丙酮

3,4-亚甲基二氧苯基-2-丙酮别名胡椒基苯丙酮,分子式 $C_{10}H_{10}O_3$,无色或淡黄色液体,有特殊胡椒味。溶于丙酮和氯仿等有机溶剂。密封于不锈钢容器中保存。

3.10.3　易制毒化学品的规范购买

购买第一类中的药品类化学品,需药监部门许可,若非药品类,则须公安机关许可,针对第二类和第三类,则须公安机关备案。在取得购买许可证或者购买备案证明后,方可购买易制毒化学品。

学校应在实验室主管部门设立专人专岗负责全校易制毒化学品管理。购买前,使用院系应与实验室主管部门签订《易制毒化学品管理责任书》。申请购买第一类中的非药品类易制毒化学品的,使用院系应提交专项购买申请,说明申购品种、数量、用途、领用保管措施等,经项目主管单位进行实地核查及分管校领导审批同意后报送到实验室主管部门办理购买审批手续及备案证明;购买第二类、第三类易制毒化学品的,由学院易制毒化学品专项经办人将所需要购买的品种、数量等信息进行汇总后,填写《易制毒化学品申购汇总表》,经学院负责人审批同意后报送到实验室主管部门统一办理购买审批手续及备案证明。一般而言,禁止使用现金或者实物进行易制毒化学品交易。

3.10.4 易制毒化学品的安全存储与领用

3.10.4.1 场地要求

根据国家标准，第一类易制毒化学品应储存于特殊药品库，第二类、第三类易制毒化学品应储存在危险品仓库内。因此，使用单位要建立专门的符合存放条件、贴有明显标志的易制毒化学品仓库，并要安装防盗门窗，配备防盗报警、消防等装置。由具备专业知识的人员管理，管理人员必须配备可靠的个人安全防护用品。

3.10.4.2 储存要求

① 必须分类存放，易制毒化学品必须根据其不同特性专库专储，必须按挥发性、腐蚀性、易燃性等将第二类、第三类易制毒化学品分类存放；严禁撞击、震动、摩擦、重压和倾斜由玻璃容器盛装的易制毒化学危险品。仓库出入口和通向消防设施的道路应保持畅通。

② 保证通风可以散热，防止热量、湿气积蓄，保证在库易制毒化学品性质稳定，可以使用排风扇进行通风。

③ 对遇火、遇热、遇潮、受日光照射等外界不良条件影响可能引起燃烧、爆炸、分解、化合的危险事故的易制毒化学品应根据相关的规定采取相应的防护措施。

3.10.4.3 出入库管理

① 易制毒化学品出、入库前均应按单据进行检查验收、登记。验收内容包括：名称、规格、数量、质量、包装、危险标志、有无泄漏、安全技术说明书和安全标签等，经检验合格后方可入库、出库；当物品性质未弄清时不得入库。

② 易制毒化学品入库后应采取适当的养护措施，易燃易爆的易制毒化学品储存温度不能超过28℃；在储存期内，定期检查，发现其品质变化、包装破损、渗漏、稳定剂短缺等，应及时处理。

③ 易制毒化学品搬运应轻拿轻放，严禁摔碰、撞击和强烈震动。对于检查验收中发现的问题要及时进行处理，性质不明、包装损坏的物品一律不准入库。

④ 生产领料、发料、回库要注意核对原料名称、数量，易制毒化学品领用要按双人发放原则；未经批准的人员不得随意进入特殊药品库与危险品仓库。领用易制毒化学品要采取少量多次的原则，尽量避免一次性大量领用，使用不完造成积存及存在安全隐患。

练 习

选择题

1. 危险化学品包括（   ）。

A. 爆炸品，易燃气体，易燃喷雾剂，氧化性气体，加压气体。

B. 易燃液体，易燃固体，自反应物质，可自燃液体，自燃自热物质，遇水放出易燃气体的物质。

C. 氧化性液体，氧化性固体，有机过氧化物，腐蚀性物质

D. 以上都是

2. 危险化学品的毒害包括（　　）。

A. 皮肤腐蚀/刺激，眼损伤/眼刺激

B. 急性中毒致死，器官或呼吸系统损伤，生殖细胞突变性，致癌性

C. 水环境危害性，放射性危害

D. 以上都是

3. 危险化学品的急性毒性表述中，半致死量LD_{50}代表（　　）。

A. 致死量

B. 导致一半受试动物死亡的量

C. 导致一半受试动物死亡的浓度

D. 导致全部受试动物死亡的浓度

4. 表示危险化学品的急性毒性的LD_{50}的单位是（　　）。

A. mg/kg　　　　　B. g/kg　　　　　C. mL/kg　　　　　D. g/kg

5. 下列哪一项不是发生爆炸的基本因素，（　　）。

A. 温度　　　　　B. 压力　　　　　C. 湿度　　　　　D. 着火源

6. （　　）彼此混合时，不容易引起火灾。

A. 活性炭与硝酸铵

B. 金属钾、钠和煤油

C. 磷化氢、硅化氢、烷基金属、白磷等物质与空气接触

D. 可燃性物质，如木材、织物等，与浓硫酸

7. 在使用化学药品前应做好的准备有（　　）。

A. 明确药品在实验中的作用

B. 掌握药品的物理性质和化学性质

C. 了解药品的毒性；了解药品对人体的侵入途径和危险特性；了解中毒后的急救措施

D. 以上都是

8. 在蒸馏低沸点有机化合物时，应采取（　　）加热。

A. 酒精灯　　　　　B. 热水浴　　　　　C. 电炉　　　　　D. 沙浴

9. 关于重铬酸钾洗液，下列说法错误的是（　　）。

A. 将化学反应用过的玻璃器皿不经处理，直接放入重铬酸钾洗液中浸泡

B. 浸泡玻璃器皿时，不可以将手直接插入洗液缸里取放器皿

C. 从洗液中捞出器皿后，立即放进清洗杯，避免洗液滴落在洗液缸外等处。然后马上用水连同手套一起清洗

D. 取放器皿应戴上专用手套，但仍不能在洗液里的时间过长

10. 处理使用后的废液时，下列说法错误的是（　　）。

A. 不明的废液不可混合收集存放

B. 废液不可任意处理

C. 禁止将水以外的任何物质倒入下水道，以免造成环境污染和处理人员危险

D. 少量废液用水稀释后，可直接倒入下水道

11. 剧毒物品必须保管、储存在（　　）。

A. 铁皮柜   B. 木柜子

C. 带双锁的铁皮保险柜   D. 带双锁的木柜子

12. 剧毒物品保管人员应做到（   ）。

A. 日清月结   B. 账物相符   C. 手续齐全   D. 以上都对

13. 氢氟酸有强烈的腐蚀性和危害性，皮肤接触氢氟酸后可出现疼痛及灼伤，随时间疼痛渐剧，皮下组织被破坏，这种破坏会传播到骨骼。下面说法错误的是（   ）。

A. 稀的氢氟酸危害性很低，不会产生严重烧伤

B. 氢氟酸蒸气溶于眼球内的液体中，会对人的视力造成永久损害

C. 使用氢氟酸一定要戴防护手套，注意不要接触氢氟酸蒸气

D. 工作结束后要注意用水冲洗手套、器皿等，不能有任何残余留下

14. 化学药品库中的一般药品应如何分类（   ）。

A. 按生产日期分类

B. 按有机、无机两大类，有机试剂再细分类存放

C. 随意摆放

D. 按购置日期分类

15. 混合时不会生成高敏感、不稳定或者具有爆炸性物质的是（   ）。

A. 醚和醇类   B. 烯烃和空气   C. 氯酸盐和铵盐   D. 亚硝酸盐和铵盐

16. 混合或相互接触时，不会产生大量热量而着火、爆炸的是（   ）。

A. $KMnO_4$ 和浓硫酸   B. CCl_4 和碱金属

C. 硝铵和酸   D. 浓 HNO_3 和胺类

17. 混合或相互接触时，不会产生大量热量而着火、爆炸的是（   ）。

A. 氯酸盐和酸   B. CrO_3 和可燃物

C. $KMnO_4$ 和可燃物   D. CCl_4 和碱金属

18. 活泼金属应存放在（   ）。

A. 密封容器中并放入冰箱   B. 密封容器中并放入干燥器

C. 泡在煤油里密封避光保存   D. 密封容器中并放入密闭柜子内

19. 金属 Hg 具有高毒性，常温下挥发情况为（   ）。

A. 不挥发   B. 慢慢挥发

C. 很快挥发   D. 需要在一定条件下才会挥发

20. 搬运剧毒化学品后，应该（   ）。

A. 用流动的水洗手   B. 吃东西补充体力 C. 休息

21. 当有汞溅出时，应如何处理现场（   ）。

A. 用水擦   B. 用拖把拖

C. 扫干净后，倒入垃圾桶   D. 收集水银，用硫黄粉盖上并统一处理

22. 化学品的毒性可以通过皮肤吸收、消化道吸收及呼吸道吸收 3 种方式对人体健康产生危害，下列不正确的防护措施是（   ）。

A. 实验过程中，使用三氯甲烷时，戴防尘口罩

B. 实验过程中，移取强酸、强碱溶液应戴防酸碱手套

C. 实验场所严禁携带食物；禁止用饮料装化学药品，防止误食

D. 称取粉末状的有毒药品时，要戴口罩防止吸入

23. 黄磷自燃应（　　）。

A. 用高压水枪　　　　　　　　　　　B. 用高压灭火器

C. 用雾状水灭火或用泥土覆盖　　　　D. 以上都对

24. 金属钠着火可采用的灭火方式有（　　）。

A. 干沙　　　　　B. 水　　　　　C. 湿抹布　　　　　D. 泡沫灭火器

25. 铝粉、保险粉自燃时应（　　）。

A. 用水灭火　　　B. 用泡沫灭火器　　C. 用干粉灭火器　　D. 用干沙灭火

26. 强碱烧伤处理错误的是（　　）。

A. 立即用稀盐酸冲洗　　　　　　　　B. 立即用 1%～2% 的乙酸冲洗

C. 立即用大量水冲洗　　　　　　　　D. 先进行应急处理，再去医院处理

27. 有些固体化学试剂接触空气即能发生强烈氧化作用，如黄磷应（　　）。

A. 保存在水中　　B. 放在试剂中　　C. 用纸包裹存放　　D. 放在盒子中

28. 强氧化剂与有机物、镁粉、铝粉、锌粉可形成爆炸性混合物，以下物质安全的是
（　　）。

A. H_2O_2　　　　B. NH_4NO_3　　　　C. K_2SO_4　　　　D. 高氯酸及其盐

29. 苯属于高毒类化学品，下列叙述正确的是（　　）。

A. 短期接触，苯对中枢神经系统产生麻痹作用，引起急性中毒

B. 长期接触，苯会对血液造成极大伤害，引起慢性中毒

C. 对皮肤、黏膜有刺激作用，是致癌物质

D. 以上都是

30. 丙酮属于低毒类化学品，下列叙述正确的是（　　）。

A. 它的闪点只有 −18℃，具有高度易燃性

B. 对神经系统有麻醉作用，并对黏膜有刺激作用

C. 它的沸点只有 56℃，极易挥发

D. 以上都对

填空题

1. 国标《化学品分类和危险性公示通则》将危险化学品分为三类：＿＿＿＿＿、
＿＿＿＿＿和＿＿＿＿＿，每类又分别细分为数种至数十种小类。

2. 凡具有毒害、腐蚀、爆炸、燃烧、助燃等性质，对人体、设施与环境有危害的剧
毒化学品和其他化学品称为＿＿＿＿＿。

3. 危险化学品在生产、储存、运输、销售和使用过程中，为防止发生环境污染及安
全事故和经济损失，必须了解常见危险化学品的危险特性和储存等相关知识，并在相应的
设施和场所，必须设置＿＿＿＿＿。

4. 很多爆炸品本身具有一定毒性，且绝大多数爆炸品爆炸时产生多种有毒或者窒息
性气体，包括＿＿＿＿＿、＿＿＿＿＿、＿＿＿＿＿、＿＿＿＿＿、＿＿＿＿＿等，可从呼吸道、食
道、皮肤进入人体，引起中毒，严重时危及生命。

5. 含硫、氮、氟元素的气体多数有毒，如＿＿＿＿＿、＿＿＿＿＿、＿＿＿＿＿等。

6. 易燃固体具有可分散性，其固体粒度小于＿＿＿＿＿时可悬浮于空气中，有粉尘爆
炸的危险。

7. 易燃液体一般含有＿＿＿＿＿、＿＿＿＿＿元素，易被强氧化剂或强酸氧化，放出大

量的热而引起燃烧或爆炸。

8. 有毒化学品可以通过_____、_____和_____三种方式对人体健康产生危害。

9. 高校实验室剧毒化学品要设专用库房和防盗保险柜，遵守_____、_____、_____、_____、_____的"五双"原则。

10. 苯乙烯、甲醇、甲苯、二甲苯、三氯乙烯、苯酚等具有_____毒性。

11. 有毒实验废弃物应明确专人负责，使用专用容器和醒目标识，将_____、_____、_____进行分类收集，专人管理。定期回收，统一处理。

12. 使用_____、_____、_____、_____等，请务必在特殊排烟柜及桌上型抽烟管下进行操作。

简答题

1. 关于爆炸品的储存应注意什么？

2. 简述实验室气体储存与使用规定。

3. 简述易燃固体的危险特性。

4. 简述剧毒化学品储存注意事项。

5. 举例分析实验室常见腐蚀性、刺激性物质。

答案：

选择题

1～5：DDBAC　　　6～10：BDBAD　　　11～15：CDABA　　　16～20：BDCBA

21～25：DACAD　　　26～30：AACDD

填空题

1. 理化危险、健康危险、环境危险

2. 危险化学品

3. 危险废物识别标志

4. CO、CO_2、NO、N_2O_2、SO_2

5. 硫化氢、氯乙烯、液化石油气

6. 0.01mm

7. 碳、氢

8. 皮肤吸收、消化道吸收、呼吸道吸收

9. 双人领取验收、双人使用、双人保管、双锁、双账

10. 中等

11. 重金属、氰化物、溴化乙锭（EB）及其结合物

12. 挥发性有机溶剂、强酸强碱性、高腐蚀性、有毒性的药品

简答题

1.① 爆炸品应有专门的库房分类存放，最好采用防爆柜存放，由专人负责保管。库房应保持通风阴凉，远离火源、热源，避免阳光直射。爆炸品应按需报备购买，避免一次储存过多。

② 因相互作用而可能爆炸的物质必须分类存放，如过氧化物和胺类，高锰酸钾和浓硫酸，四氯化碳和碱金属等混合后有爆炸危险，必须分开存放。

③ 使用爆炸品应格外小心，轻拿轻放，避免摩擦、撞击和震动。

④ 爆炸品要求配置由象形图和警示词组成的安全警示标签。

2.① 应远离火源和热源，避免受热膨胀而引起爆炸；

② 性质相互抵触的应分开存放。如氢气与氧气钢瓶等不得混放；

③ 有毒和易燃易爆气体钢瓶应放在室外阴凉通风处；

④ 钢瓶不得撞击或横卧滚动；

⑤ 在搬运钢瓶的过程中，必须给钢瓶配上安全帽，钢瓶阀门必须旋紧；

⑥ 压缩气体和液化气体严禁超量灌装；

⑦ 使用前要检查钢瓶附件是否完好、封闭是否紧密、有无漏气现象。如发现钢瓶有严重腐蚀或其他严重损伤，应将钢瓶送有关单位进行检验。超过使用期限，不准延期使用。

3. 燃点低，易点燃；遇酸、氧化剂易燃易爆；本身或燃烧产物有毒；兼有遇湿易燃性；自燃危险性；易燃固体对明火、热源、撞击比较敏感；易分解或升华；具有可分散性，有粉尘爆炸的危险。

4.① 高校实验室剧毒化学品的使用要由负责人审批，要设有防盗保险柜和专用库房，双人保管、双人领取验收、双人使用、双锁、双账的"五双"原则。

② 还应配有防泄漏、防毒、消毒、中和等安全器材和设施。

③ 剧毒化学品的管理（包括购买、领取、使用、保管等）要根据国务院、公安部和地方的相关法规标准严格执行。

④ 急性毒性物质必须有警示标签，如各类别危险物的象形图、危险说明等。

5.① 氢氟酸　氟化氢气体的水溶液，清澈，无色，具有极强的腐蚀性，能强烈地腐蚀金属、玻璃和含硅的物体。剧毒，如吸入蒸气或接触皮肤会造成难以治愈的灼伤。实验室一般用萤石（主要成分为氟化钙）和浓硫酸来制取，需要密封在塑料瓶中，并保存于阴凉处。

② 苯酚　既有腐蚀性，还有毒性和燃烧性，吸入，摄入，皮肤吸收可造成伤害。接触时戴好合适的手套和护目镜，穿好防护服，在通风橱内操作。若有皮肤接触药物，可用大量清水冲洗，并用肥皂和水清洗，不要用乙醇洗。

③ 硫酸（H_2SO_4）　硫酸为透明、无色、无味的油状液体，有杂质时颜色变深甚至发黑。浓硫酸有强烈的吸水性和氧化作用，与水剧烈反应放出大量热。有强腐蚀性，对皮肤、黏膜有刺激和腐蚀作用，酸雾对黏膜的刺激作用比二氧化硫强，主要使组织脱水，蛋白质凝固，可造成局部坏死。硫酸应储存于阴凉、通风的库房。库温不超过 35℃，相对湿度不超过 85%。保持容器密封。远离火种、热源，工作场所严禁吸烟。远离易燃、可燃物。防止蒸气泄漏到工作场所空气中。避免与还原剂、碱类、碱金属接触。

第**4**章
化学实验室安全操作

4.1 化学实验室基本要求

4.1.1 化学实验室安全管理的重要规定

4.1.1.1 穿着规定

① 进入实验室，要身着实验服，穿着的鞋子不能露脚，严禁穿短裤、裙子、高跟鞋、拖鞋、凉鞋等进入实验室。实验室常规穿着见图4.1。

图 4.1 实验室常规穿着

② 穿着实验服应将扣子系好，不能敞开穿，离开实验室时应脱下，禁止穿实验服进入公共场所。

③ 若实验服被酸、碱、有毒物质或致病菌等沾污时，应立即更换实验服并及时处理。

④ 严禁在实验室披发，应盘起长发。

⑤ 严禁戴隐形眼镜进行任何实验。

⑥ 进行高温实验必须戴防高温手套，必要时可佩戴护目镜。

⑦ 对于使用或产生有毒有害物质、易挥发性物质、易燃易爆物质或特殊物质等的实验，必须穿戴防护具，如防护口罩、防护手套、防护眼镜、防护服等。

4.1.1.2 饮食规定

① 严禁在实验室内饮食，使用化学药品或实验结束后必须先洗净双手方能进食。

② 严禁将食物或饮食用具带进实验室，以防毒物污染。

③ 严禁在实验室内吃口香糖。

④ 严禁将食物储存在实验室冰箱或储物柜中。

⑤ 严禁将实验室内的任何器具器皿作为餐具使用。

⑥ 严禁使用实验室内的加热装置加热食物。

⑦ 严禁用嘴巴品尝的方法来鉴别未知物。

4.1.1.3 药品领用、存储及操作的相关规定

① 实验前，应提前了解每个试剂或药品的分类和位置，以方便实验时拿取；对于冷藏储存或高于室温的试剂，使用前应提前拿出放置至室温再使用。

② 领取药品时，应确认所取药品标签，如是否与所需药品名称、规格一致，是否过期。

③ 领取药品时，检查药品包装上是否有警示标志，确认其是否为危险化学品。

④ 取用药品或试剂时，应使用合适的工具称取，如取过量，严禁将药品或试剂倒回瓶中。

⑤ 在量取挥发性有机溶剂和具有强酸强碱性、高腐蚀性、有毒性的药品时，应在通风橱中操作并佩戴橡胶手套和防毒面具。

⑥ 实验室内所有药品、样品必须贴有醒目标签，标签上应注明名称、浓度、配制时间、配制人以及有效日期等，标签应无破损且字迹清楚。

⑦ 实验室内药品应分类存放：固液分开放、酸碱分开放、有机无机分开放、氧化性化学品与还原性化学品分开放、具有危险性的危险化学品应单独放。

⑧ 高挥发性或易于氧化的化学药品需存放于冰箱或冰柜之中，易燃易挥发试剂必须远离火源和火种。

⑨ 操作危险化学品务必遵守操作规则或遵照操作流程进行实验，切勿私自更改。

⑩ 取用危险化学品时，尽可能戴上橡皮手套和防护眼镜；开启或倾倒时，切勿直视容器口；吸取时，应该使用洗耳球；开启有毒气体时，应佩戴防毒用具。

4.1.1.4 操作的相关规定

① 除特殊要求外，不得将与实验无关的物品带入实验室。

② 实验室内严禁吸烟，禁止携带或乱扔火柴、打火机等火种。

③ 实验前，应熟悉所使用的药品的性能，了解仪器、设备的性能及操作方法和安全事项。

④ 实验应严格按照操作规程进行，对于不了解的药品或仪器，在没有指导的情况下切勿私自动用。

⑤ 具有危险性的实验，应在通风橱中操作并采取适当的安全措施，参加实验的人员不得少于二人，不可单独实验。

⑥ 若需进行无人监督的实验，应对实验装置中防火、防爆、防水灾进行充分的考虑，且让实验室灯开着，并在门上留下紧急处理时联络人电话及可能造成的灾害等信息。

⑦ 实验过程中，严禁直接接触化学药品，使用危险化学品时应佩戴橡胶手套。

⑧ 嗅闻气味时，应采用扇闻法，禁止直接凑近嗅闻气味。

⑨ 用移液管吸取液体试剂时，必须用洗耳球吸取，禁止用嘴代替洗耳球。

⑩ 从橡皮塞上装拆玻璃管或折断玻璃管时，必须包上毛巾，并着力于靠近橡皮塞或折断处。

⑪ 开启装有易挥发物质（如乙醚、丙酮、浓硝酸、浓盐酸、浓氨水）的试剂瓶时，尤其是在夏季或室温较高时，应适当冷却后再在通风橱中打开，切不可将瓶口对着自己或他人，以防气液冲出发生事故。

⑫ 移动、开启大瓶液体药品时最好用橡皮布或草垫垫好，不能将瓶直接放在水泥地板上。若为石膏包封的，可用水泡软后打开，严禁锤砸、敲打，以防爆裂。

⑬ 高温物体（例如刚由高温炉中取出的坩埚和瓷舟）要放在干净的耐火石棉板上或瓷盘中，附近不得有易燃物。需称量的坩埚待稍冷后方可移至干燥器中冷却。

⑭ 取下正在加热至近沸的水或溶液时，应用玻璃棒进行搅拌，去除气泡，或将其轻轻摇动后方可取下，防止突然产生大气泡并飞溅伤人。煮沸有大量沉淀的液体时，应用玻璃棒不断搅拌，以免发生暴沸。

⑮ 蒸馏易燃液体时严禁用明火。蒸馏过程中不得无人看护，以防温度过高或冷却水突然中断。易燃溶剂加热时，必须在水浴或沙浴中进行，避免明火。

⑯ 做有危害性气体的实验或操作有毒试剂，或操作时会产生有害气体、烟雾或粉尘时，必须在通风橱中进行，佩戴适当的个人防护器具，做好应急救援预案。

⑰ 废酸废碱必须经过中和处理；有机溶剂以及易燃物质必须分类倒入废液桶，等待集中处理，禁止直接倾入下水道。

⑱ 将废弃药液、过期药液或废弃物依照分类标示清楚，严禁倒入水槽或水沟，应倒入专用收集容器中回收。

⑲ 实验结束后，应及时清洗使用过的器皿、仪器并放回原位，对于装过强腐蚀性、可燃性、有毒或易爆物品的器皿，应由操作者亲自洗涤。

⑳ 工作完毕后离开实验室时应用肥皂洗手。

4.1.1.5 环境卫生的相关规定

① 进入实验室，必须穿着整洁、谈吐文明、保持肃静，并严格遵守实验室的各项规章制度。

② 干净的实验室见图 4.2，实验室内各种设备、物品应整齐有序地摆放，严禁将与实验无关的物品带入或存放在实验室。

图 4.2　干净的实验室

③ 应保持室内干净，做到地面台面无灰尘、无积水、无纸屑等垃圾，打扫工作尽量避开工作时间进行，以减少尘土飞扬。

④ 实验过程中应保持良好的实验习惯并保持实验区域的卫生，实验结束后，应及时清洗使用过的器具并放回原位，打扫实验区域。实验室应定期打扫，可安排实验室成员轮流打扫。

⑤ 油类或化学物溢至地面或工作台时，应立即擦拭并冲洗干净。

⑥ 实验产生的废物应及时扔进实验垃圾箱中，产生的废水应按要求倒入相应的废水桶中。

⑦ 垃圾清除和处理，必须合乎卫生要求。应在指定处倾倒，不得任意倾倒堆积。

⑧ 有毒性或易燃的废弃物不得与一般垃圾共放，应分开投放并进行特殊处理。

⑨ 带盖垃圾桶应常清洗消毒，以保持环境卫生。

⑩ 走廊、楼梯不能放置大型设备，应保持畅通，并安装烟雾报警器、消防栓、灭火器等安全设施，以确保安全。

⑪ 工业消防用水应与饮用水分别放于不同的处所。

4.1.2 实验室水电气使用安全守则

4.1.2.1 用水安全守则

① 了解实验楼自来水各级阀门的位置。

② 水龙头、阀门要做到不滴、不漏、不冒、不放任自流，下水道堵塞及时疏通、发现问题及时修理。

③ 定期检查冷却水装置的连接胶管接口和老化情况，及时更换，以防漏水。

④ 开水龙头发现停水时，要随即关上开关。

⑤ 遇到停水等情况，实验室人员要逐一检查并关闭水龙头和水源，避免重新来水时发生相关安全事故。

⑥ 冷凝装置用水的流量要适当，防止压力过高导致胶管脱落。原则上晚上离开时应关闭冷凝水。

⑦ 杜绝出现自来水龙头打开而无人监管的现象。

⑧ 实验完毕应及时关闭水龙头。

⑨ 严禁往水池中倾倒干冰和液氮。

⑩ 使用能与水发生反应的化学试剂时，一定注意避免与水产生接触。

⑪ 用水设备的防冻保暖：室外水管、龙头可用麻织物或绳子进行包扎。对已冰冻的龙头、水表、水管，宜先用热毛巾包裹水龙头，然后浇温水，使龙头解冻，再拧开龙头，用温水沿自来水龙头慢慢向管子浇洒，使水管解冻，切忌用火烘烤。

4.1.2.2 用电安全守则

① 实验前，应先检查电源开关、电气设备、电源线路各部分是否良好、连接是否正确，确认无误后才能接通电源；如有故障，应先排除后，方可接通电源。

② 任何电器设备在未验明无电时，一律认为有电，不能盲目触及。

③ 不得用潮湿的手去触摸电器；实验结束时，应按流程切断电源。

④ 实验室不准擅自改动、安装仪器设备和电器设施，不准乱拉电线，不得超负荷用

电，如要改动，须在教师指导下进行。

⑤ 实验室使用强电设备必须做好接地接零工作，所有开关、电器均要符合绝缘规范。实验室增加高容量用电设备时，经有关部门允许后才能使用。

⑥ 不准使用不合格的电气设备。严禁使用明火和可能产生电火花的电器，实验室内严禁使用电炉和热得快烧水、做饭，不得使用明火取暖，严禁吸烟。新购的电器必须符合规范，使用前必须全面检查。

⑦ 使用仪器设备前应仔细阅读说明书。

⑧ 启动或关闭电气设备时，必须将开关扣严或拉妥，防止似接触又非接触的状况。

⑨ 禁止使用绝缘不合格，导线裸露或破裂，漏电的电气设备与仪器。

⑩ 正确使用插座：两孔插座用于小型单相电器，电压 220V；三孔插座用于带金属外壳的电器和精密仪表，电压 220V；四孔插座用于提供动力电：火对中 220V；火对火 380V。

⑪ 使用电器设备时不可以用两眼插头代替三眼插头。

⑫ 电源插座都标有最大允许通过电流，不能将小电流插座配置给大功率电器，以免过热烧毁，引发火灾。

⑬ 接线板不能直接放在地面，不能多个接线板串联。

⑭ 在同一电源上不能同时使用过多仪器设备，特别是大功率设备，以免造成负荷过大，烧毁线路，发生危险。

⑮ 为避免线路负荷过大引起火灾，功率 1kW 以上的设备不得共用一个接线板。连接电动工具的电气回路应单独设开关或插座，并装设漏电保护器，其金属外壳应接地，电动工具必须做到"一机一闸一保护"。

⑯ 使用电子仪器设备时，若发现有不正常声响、发生过热现象或嗅到异味，应立即切断电源，停止实验并上报指导教师。

⑰ 不得在烘箱内存放、干燥、烘焙有机物。实验完毕，立即关闭电器。

⑱ 使用高压电源时，要穿绝缘鞋、戴绝缘手套并站在绝缘垫上。使用高压动力电时，应按照安全规定，穿戴好绝缘胶鞋、手套，或用安全杆操作。移动工具时不得提着电线或工具的转动部分。

⑲ 擦拭电器设备前应确认电源已全部切断。禁止用湿布或纸巾擦拭电源开关和导线。

⑳ 加热设备必须放置于通风处，周围不得放置易燃易爆物品。加热设备必须配备石棉网；大量发热的设备必须架空或采取其他隔热措施。使用烘箱和高温炉时，必须确认自动控温装置可靠。

㉑ 拔下插头时应用手捏住插头再拔，不得只拉电线。

㉒ 如有人触电，应立即切断电源或用绝缘物体将电线与人体分离后，再立即进行抢救，防止发生连锁触电事故，情节严重的立即就医。

㉓ 电器设备工作结束、实验人员较长时间离开实验室或电源中断时，要切断电源开关，尤其是要注意切断加热电器设备的电源开关。

㉔ 电源或电器设备的保险丝烧断时，应先查明原因排除故障后，再按原负荷选用规格相符的保险丝进行更换，不得随意加大保险丝型号或用其他金属线丝。

㉕ 注意保持电线和电器设备的干燥，防止线路和设备受潮漏电，以防短路引起火灾或烧坏电器设备。

㉖ 电源开关箱内，不准堆放物品，以免触电或燃烧；如遇电线走火，切勿用水或泡沫灭火器灭火，应立即切断电源，用沙或二氧化碳灭火器灭火。

㉗ 要警惕实验室内发生电火花或静电，尤其是实验室内存有氢气、煤气等易燃易爆气体以及使用可能构成爆炸混合物的可燃性气体时，更需特别注意。

㉘ 各类电器设备发生异常或故障时，应及时断电，由专业人员检修。

㉙ 计算机使用完毕，应将显示器的电源关闭，以避免电源接通，产生瞬间的冲击电流。

4.1.2.3 用气安全守则

（1）气瓶的搬运、充装注意事项

① 在搬动气瓶时，应装上防震垫圈，旋紧安全帽，以保护开关阀，防止其意外转动。

② 搬运充装气瓶时用小推车，也可以用手平抬或垂直转动，但绝不允许用手搬着开关阀移动。

③ 运输充气气瓶时，必须严格遵守国家危险品运输的有关规定。应妥善加以固定，避免途中滚动碰撞；装卸车时应轻抬轻放，禁止采用抛卸、下滑或其他易引起碰击的方法。

④ 充装互相接触后可引起燃烧、爆炸气体的气瓶（如氢气瓶和氧气瓶），不能同车搬运或同存一处，也不能和其他易燃易爆物品混合存放。

⑤ 气瓶瓶体有缺陷、安全附件不全或已损坏，不能保证安全使用的，切不可再送去充装气体，应送交有关单位检查合格后方可使用。

⑥ 应在具有充气资质、有营业执照的单位充装气体。

（2）气瓶的存放、使用原则

压力气瓶必须分类分处保管，直立放置时要固定稳妥。使用时应加装固定环。气瓶要远离热源，避免暴晒和强烈震动；实验室内存放气瓶量不得超过 2 瓶；不适合放在楼内存放的压力气瓶，应存放在楼外气瓶房，但一定要注意分类分处保管。

钢瓶肩部用钢印打出下述标记：制造厂、制造日期、气瓶型号、工作压力、气压实验压力、气压实验日期及下次送验日期、气体容积、气瓶材质。

为了避免各种钢瓶使用时发生混淆，常将钢瓶以不同颜色区分，写明瓶内气体名称。若标志气体名称与钢瓶颜色不相符，严禁使用并拒收。部分气瓶颜色标志（GB/T 7144—2016）见表 4.1。

表 4.1 部分气瓶颜色标志规定

名称	瓶色	字样	字样颜色	色环
氧气	淡蓝	氧	黑	$P=20$,白色单环
氮气	黑	氮	白	$P \geqslant 30$,白色双环
空气	黑	空气	白	
氢气	淡绿	氢	大红	$P=20$,大红单环
				$P \geqslant 30$,大红双环
二氧化碳气	铝白	液化二氧化碳	黑	$P=20$,黑色单环
氨气	淡黄	液氨	黑	
氯气	深绿	液氯	白	

名称	瓶色	字样	字样颜色	色环
乙炔	白	乙炔　不可近火	大红	
氟	白	氟	黑	
一氧化氮	白	一氧化氮	黑	
二氧化氮	白	液化二氧化氮	黑	

注：色环栏内 P 为气瓶的公称工作压力，MPa。

压力气瓶上选用的减压器要分类专用，严禁减压表阀相互串用。安装时螺扣要旋紧，防止泄漏；开关减压器和开关阀时，动作必须缓慢；使用时应先旋动开关阀，后开减压器；用完后，先关闭开关阀，放尽余气后，再关减压器。切不可只关减压器，不关开关阀。

使用压力气瓶时，操作人员应站在与气瓶接口处垂直的位置上。操作时严禁敲打撞击，并经常检查有无漏气，应注意压力表读数。

使用氧气瓶或氢气瓶等，应配备专用工具，并严禁与油类接触。操作人员不能穿戴沾有各种油脂或易产生静电的服装、手套操作，以免引起燃烧或爆炸。

可燃性气体和助燃性气体瓶，与明火的距离应大于 10m（确难达到时，可采取隔离等措施）。

使用后的气瓶，应按规定留 0.05MPa 以上的残余压力。可燃性气体应剩余 0.2～0.3MPa（约 2～3kgf/cm²，表压，1kgf/cm²＝0.1MPa）；氢气应保留 2MPa，以防重新充气时发生危险，不可用完用尽；氧气钢瓶应保留不小于 0.098～0.196MPa 表压的剩余压力；乙炔钢瓶应保留冬季 49～98kPa，夏季 196kPa 表压的剩余压力。

各种气瓶必须定期进行检查。充装一般气体的气瓶 3 年检验一次；如在使用中发现有严重腐蚀或严重损伤的，应提前进行检验。

（3）几种特殊气体的性质和安全

① 乙炔：乙炔是极易燃烧、容易爆炸的气体。含有 7%～13% 乙炔的乙炔-空气混合气体，或含有 30% 乙炔的乙炔-氧气混合气最易发生爆炸。乙炔和次氯酸盐等化合物接触也会发生燃烧和爆炸。存放乙炔气瓶的地方要求通风良好。如乙炔气瓶有发热现象，说明乙炔已发生分解，应立即关闭气阀，并用水冷却瓶体，同时最好将瓶体移至远离人员的安全处，加以妥善处理。发生乙炔燃烧时，禁止用四氯化碳灭火器灭火。

② 氢气：氢气密度小，易泄漏，扩散速度很快。氢气与空气混合气的爆炸极限：4.0%～75.6%（体积分数），此时，极易引起自燃自爆，燃烧速度约为 2.7m/s。氢气应单独存放，最好放置在室外专用的气瓶房内，以确保安全，严禁放在实验室内，严禁烟火。不用时应旋紧气瓶开关阀。

③ 氧气：氧气是最常见的助燃气体。在高温下，纯氧十分活泼；高压下，可以和油类发生急剧的化学反应，并引起发热自燃，进而产生强烈爆炸。严禁氧气瓶与油类接触，严禁其他可燃性气体混入氧气瓶；禁止用（或误用）盛其他可燃性气体的气瓶来充灌氧气。氧气瓶禁止放于阳光暴晒的地方。

④ 一氧化二氮（笑气）：一氧化二氮具有麻醉兴奋作用，受热时可分解成氧和氮的混合物。如遇可燃性气体，即可燃烧。

4.1.3　特殊化学品操作要求

4.1.3.1　危险化学品实验操作规范

在使用危险化学品进行实验的过程中，必须严格遵循以下原则。

① 实验之前应先阅读使用化学品的安全技术说明书（MSDS），了解化学品特性，采取必要的防护措施。

② 初次使用危险化学品的人员，必须在有经验的教师或实验技术人员指导下进行实验。

③ 严格按实验规程进行操作，在能够达到实验目的的前提下，尽量少用，或用危险性低的物质替代危险性高的物质。

④ 使用化学品时，不能直接接触药品、品尝药品味道、把鼻子凑到容器口闻药品的气味。

⑤ 严禁在开口容器或密闭体系中用明火加热有机溶剂，不得在烘箱内存放干燥易燃的有机物。

⑥ 实验人员应佩戴防护眼镜、穿着实验服及采取其他防护措施，并保持工作环境通风良好。

⑦ 在结晶操作中，由于结晶的条件不同，可能会得到对于摩擦和冲击非常敏感的结晶体。

⑧ 在实验室的回流操作中，可能由于突沸或过热将可燃性液体喷出而着火。一般来说，使用可燃性溶剂进行回流操作或蒸馏低闪点溶剂时，附近绝对不能有明火或者火源。

⑨ 当发生强碱溅洒事故时，应用固体硼酸粉撒盖溅洒区，扫净并报告有关工作人员。如果不慎将化学试剂弄到衣物和身体上，立即用大量清水冲洗 $10 \sim 15\text{min}$。

⑩ 在处理废弃试剂时，要注意化学反应所引起的能量释放的危险性。

⑪ 在实验室里进行蒸馏操作容易引起火灾事故。切不可过度地蒸馏残渣。做减压蒸馏时，可以使用圆底烧瓶或梨形接收瓶，不可用锥形瓶。

⑫ 对于摩擦或冲击敏感的物质，在过滤其溶液时不要用玻璃滤器等容易产生摩擦热的器具。

⑬ 粉末过筛时，容易产生静电，所以过筛干燥的不安定物质时要特别注意。

⑭ 用萃取操作来提取危险物时，由于萃取液浓缩，危险物处于高浓度状态，这时危险性增大。在进行萃取或洗涤操作时，为了防止物质高度浓缩而导致内部压力过大，产生爆炸，应该注意及时排出产生的气体。

4.1.3.2　易燃易爆化学品注意事项

① 凡使用甲烷、氢气等与空气混合后可能发生爆炸的化学品时，必须在通风橱内或者室外空旷处进行操作。

② 禁止在明火周边使用易燃易爆物质，如有机酸、苯、甲苯、石油醚、汽油、丙酮、甲醇、乙醇等。

③ 进行有爆炸危险的操作，所用到的玻璃容器必须使用软木塞或胶皮塞，不得使用磨口瓶塞。

④ 禁止采用明火对易燃物质进行蒸馏或加热操作。

⑤ 对易燃物质蒸馏或加热时，应使用水浴；沸点高于100℃者，应使用油浴。

⑥ 加热液体时，必须接冷凝回流装置。

⑦ 蒸发易燃液体或有毒液体时，必须于通风橱中操作，禁止将蒸气直接排在室内空间。

⑧ 使用易爆化学品（如高氯酸、过氧化氢等）时禁止震动、摩擦和碰撞。

⑨ 在加热操作过程中，如发生着火爆炸，应立即切断电源、热源和气源。

⑩ 取用钾、钠、钙、黄磷等易燃物质时，必须使用专用镊子，不得用手接触。钾、钠、钙应放在煤油中储存，不得与水或水蒸气接触；黄磷应放在水中储存，保持与空气隔离。

4.1.3.3 有毒、有害化学品注意事项

① 装有毒物质的容器应具有醒目的标签，并在标签上注明"有毒"或"剧毒"字样。

② 凡有毒化学品应分类储存，禁止与易燃易爆物品和腐蚀性化学品储存于同一库房。

③ 化学实验室有毒药品的储存、发放和领取应严格登记，并指定专人负责。

④ 使用过有毒化学品的工具必须及时清洗干净，废水应进行分类处理。

⑤ 使用具有腐蚀性、刺激性的有毒或剧毒物品，如强酸、强碱、浓氨水、三氧化二砷、氢化物、碘等，必须戴橡胶手套和防护眼镜。

⑥ 禁止将有毒物质擅自挪用或带出实验室。

4.1.3.4 腐蚀性化学品注意事项

① 稀释浓酸时，必须将酸缓慢加入水中，并用玻璃棒缓慢不停地搅拌；不得将水直接注入酸中。

② 在处理发烟酸（如发烟硝酸等）和强腐蚀性物品时，应防止中毒或灼伤。

③ 当酸、碱溶液及其他腐蚀性化学试剂灼伤皮肤或溅入眼睛时，应立即用清水冲洗、就医。

④ 开启盛有过氧化氢、氢氟酸、溴、盐酸、发烟酸等腐蚀性物质的瓶塞时，瓶口不得对着自己和他人。

⑤ 浓酸和浓碱不得直接中和，如确需将浓酸或浓碱中和，应先进行稀释。

4.2 常见的化学实验操作

4.2.1 常见仪器的操作

4.2.1.1 温度计

温度计是化学实验室测量温度的必要工具。常用的温度计有煤油温度计和水银温度计。使用温度计时应注意如下事项：

① 加热时温度不可超过温度计的最大量程，实验过程中应根据需要选择适当量程的温度计。

② 不可将温度计当玻璃棒进行搅拌。

③ 水银温度计一旦打碎，必须马上用硫黄处理。

4.2.1.2　漏斗

漏斗是过滤实验中不可缺少的仪器。漏斗的种类很多，按口径的大小和径的长短，可分成不同的型号。常用的有普通漏斗、长颈漏斗、分液漏斗和布氏漏斗等。实验室常见漏斗见图4.3。

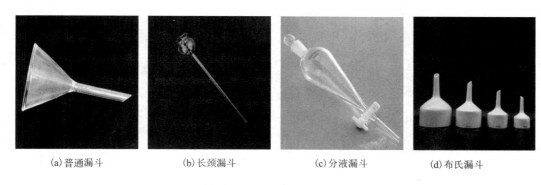

(a)普通漏斗　　　　(b)长颈漏斗　　　　(c)分液漏斗　　　　(d)布氏漏斗

图4.3　实验室常见漏斗

（1）普通漏斗

普通漏斗用于过滤，或向小口容器中注入液体；过滤应遵循"一贴二低三靠"原则。

（2）长颈漏斗

固体和液体在锥形瓶中反应时，可用长颈漏斗添加液体药品，此时可以用分液漏斗替代，也可以用于装配反应器，便于注入反应液。使用时，漏斗的底部要在液面以下，防止生成的气体从长颈漏斗口逸出，起到液封的作用。

（3）分液漏斗

分液漏斗的颈部有一个活塞，这是它与普通漏斗及长颈漏斗的主要区别，能灵活控制液体。分液漏斗不宜用于盛碱性液体。

分液漏斗主要用于：①固液或液体与液体反应发生装置，控制所加液体的量及反应速率；②物质分离提纯，对萃取后形成的互不相溶的两液体进行分液，应注意下层液体从下口放出，上层液体从上口倒出。

（4）布氏漏斗

布氏漏斗为扁圆筒状，圆筒底面上开了很多小孔，下连一个狭长的筒状出口，是实验室中一种陶瓷量器，也可采用塑料制作，主要用于减压过滤。

布氏漏斗常用于有机化学实验中提纯结晶。使用布氏漏斗时，一般先在圆筒底面垫上滤纸，将漏斗插进抽滤瓶上方开口并将接口密封（如用橡胶环）。抽滤瓶的侧口接抽气系统，然后倒入欲分离的固液混合物，液体在负压作用下被抽进抽滤瓶，固体则留在布氏漏斗上。

4.2.1.3　加热用仪器

（1）酒精灯

酒精灯（见图4.4）是以酒精为燃料的加热工具，酒精易挥发、易燃，因此实验室使用酒精灯时必须注意以下事项：①酒精灯的灯芯要平整，如已烧焦或不平整，需用剪刀修剪后再使用；②添加酒精时，不能超过酒精灯容积的三分之二，也不可少于其四分之一；

③禁止向燃着的酒精灯里添加酒精，以免失火，禁止用酒精灯引燃另一只酒精灯，可用其他火源点燃；④使用完毕的酒精灯必须用灯帽盖灭，不可用嘴吹灭；⑤不要碰倒酒精灯，万一洒出的酒精在桌上燃烧起来，应立即用湿布或沙子扑盖灭火；⑥勿使酒精灯的火焰受到侧风影响，一旦火焰进入灯内，将会引发爆炸；⑦加热时应该使用外焰加热。

图 4.4　酒精灯和酒精喷灯

（2）酒精喷灯

常用的酒精喷灯（图 4.4）有座式酒精喷灯和挂式酒精喷灯两种。酒精喷灯由金属制成，火焰温度可达 700～1000℃。

酒精喷灯使用的正确方法：

① 准备，旋开壶体上加注酒精的旋塞，通过漏斗把酒精倒入壶体至灯壶总容量的 2/5～2/3 之间，不得注满，也不能过少。

② 预热和点火，将喷灯放在石棉板或大的石棉网上，转动空气调节器把入气孔调到最小。向预热盘中注入约 2/3 容量的酒精并将其点燃。

③ 使用，当喷口火焰点燃后，再通过空气调节杆调节进气量，使火焰达到所需的温度。

④ 熄火，停止使用时，可用石棉网或废木板平压覆盖喷管口，灯焰一般即可熄灭。

⑤ 复位，喷灯使用完毕，应将剩余酒精倒出。

使用时注意以下 3 点：

a. 在点燃酒精喷灯前，灯管必须被充分加热，否则酒精在管内不会完全气化，会有液态酒精从管口喷出，形成"火雨"，甚至引起火灾。这时应先关闭开关，并用湿抹布或石棉布扑灭火焰，然后再重新点燃。

b. 酒精喷灯使用完毕，在关闭开关的同时必须关闭酒精储罐的活塞，以免酒精泄漏，造成危险。

c. 不得将储罐内酒精燃尽，当剩余 50mL 左右时应停止使用，添加酒精。

（3）加热仪器

电炉、电热套、管式炉、马弗炉和烘箱都能进行加热，一般用电热丝做发热体，温度高低可以控制。电炉和电热套（图 4.5）是化学实验室两种重要的加热设备，电炉和电加热套可通过外接变压器来改变加热温度。箱式电炉温度可以自动控制，它的温度测量和控制一般用热电偶。

图 4.5　电炉和电热套

使用电炉时应注意以下事项：

① 电炉的功率一般较大，不宜与其他电器共用插线板；

② 供给电炉用电的导线必须有足够的截面，以免烧坏导线，引发事故；电炉周围不得摆放易燃、易爆物品，如汽油、酒精、甲醇、纸、柴油、石油醚、煤油等物品；

③ 电炉必须平稳地放在耐热平台上使用，不得直接放在地板或桌面上。使用移动电炉时，必须断开电源，待电炉冷却后进行；

④ 使用电炉时，操作人员不得离开，必须有人看管；

⑤ 电炉的电热丝不许凸出盘槽，以免电炉金属触及电热丝使整个电炉带电，引发触电事故。

在使用电热套加热时应注意以下事项：

① 电热套电源必须有良好的接地；

② 打开电热套加热开关前，必须先接好温度感应探头；

③ 如液体滴入电热套内，必须迅速关闭电源，将电热套放入通风处，待干燥后方可使用；

④ 长期不用时，应将电热套放在干燥无腐蚀处保存；

⑤ 不得使用电热套取暖或者干烧。

（4）热浴

常用的热浴有水浴、油浴、沙浴等，需根据被加热物质及加热温度的不同来选择。温度不超过 100℃可选用水浴。沙浴适用于加热温度在 220℃以上者，它的缺点是传热慢，温度上升慢，且不易控制，因此沙浴的沙层要厚些。油浴适用于 100～250℃的加热操作，常用的油有甘油、硅油、液体石蜡。

（5）微波炉

微波炉已作为一种新型的加热工具被引入化学实验室。微波炉的使用方法如下：

① 将待加热物均匀地放在炉内玻璃转盘上；

② 关上炉门，选择加热的方式。沿顺时针方向慢慢旋转定时器至所需时间（或按键输入所需加热时间），微波炉就开始加热，待加热结束后，它会自动停止工作，并发出提示声；

③ 金属器皿、细口瓶或密封的器皿不能放入炉内加热；

④ 当炉内无待加热物体时，不能开机。若待加热物体很少，则不能长时间开机，以免空载运行（空烧）而损坏机器。

4.2.1.4　可加热仪器

实验室常见可加热仪器见图4.6。

图 4.6　实验室常见可加热仪器：试管、蒸发皿、坩埚、烧杯、平底烧瓶

（1）试管

试管常用作反应器，有时也可用来收集少量气体或液体，使用试管加热时应注意：

① 拿取试管时，使用中指、食指、拇指拿住距试管口全长的 1/3 处，加热时试管不能对着自己或者他人；

② 试管内的液体不能超过容积的 1/2，加热时液体不得超过 1/3；

③ 加热时必须使用试管夹，并使试管跟桌面成 15°角；

④ 加热液体时应先给液体全部加热，然后对液体底部进行加热，并不断摇动。若是给固体加热，试管应横放，且管口略向下倾斜。

（2）蒸发皿

蒸发皿主要用于蒸发溶剂或者浓缩溶液；使用过程中可以直接加热，但应注意不能骤冷，采用蒸发皿蒸发溶液时不要加得太满，液面至少应距边缘 1cm。

（3）坩埚

坩埚用于灼烧固体，使其中的物质反应（如分解）。坩埚可直接加热至高温，进行灼烧时必须放于泥三角上，并用坩埚钳夹取，使用过程中应避免骤冷。

（4）烧杯、烧瓶

在化学实验室中，烧杯主要用于配制、浓缩、稀释溶液，有时也可用作反应器。烧瓶（包括圆底烧瓶、平底烧瓶、蒸馏烧瓶）主要用作反应器，也可用于蒸馏、分馏和接液等。烧杯和烧瓶均不可用于直接加热，可用于间接加热，加热时应垫石棉网。此外，集气瓶、广口瓶、细口瓶等玻璃瓶均不可作加热用。

4.2.2 试剂的取用

4.2.2.1 实验室药品取用规则

（1）三不原则

不能用手接触药品；

不要把鼻孔凑到容器口去闻药品的气味；

不得尝任何药品的味道。

（2）节约原则

注意节约药品。应该严格按照实验规定的用量取用药品。如果没有说明用量，一般应该按最少量（1~2mL）取用液体。固体只需盖满试管底部。

（3）处理原则

"三不一要"：实验剩余的药品既不能放回原瓶，也不能随意丢弃，更不能拿出实验室，要放入指定的容器内。

4.2.2.2 化学实验室试剂的取用

（1）化学实验室固体试剂的取用

① 取用方法　粉状药品一般用药匙或纸槽取用。为避免药品沾在管口和管壁上，操作时先使试管倾斜，把药匙或纸槽小心地送至试管底部，然后使试管直立，使药品全部落到底部（即一倾、二送、三直立）。

块状药品一般用镊子夹取。操作时先横放容器，用镊子把药品或金属颗粒放入容器口以后，再把容器慢慢竖立起来，使药品或金属颗粒缓缓地滑到容器的底部，以免打破容器（即一横、二放、三慢竖）。

② 固体药品取用时应注意的事项

a. 根据试剂用量不同，药匙应选用大小合适的。

b. 取用固体试剂时药匙/镊子必须是干净的。一支药匙/镊子不能同时取用两种或两种以上的试剂。用过的药匙/镊子必须洗净和擦干后才能再使用，以免沾污试剂。

c. 药匙/镊子每取完一种试剂后应及时用干净的纸擦拭干净，以备下次使用。

d. 药匙最好专匙专用，用玻璃棒制作的小玻璃勺子可长期存放于盛有固体试剂的小广口瓶中，无需每次洗涤。

e. 称量固体试剂时，必须注意不要取多，取多的药品，不能倒回原瓶。

f. 一般的固体试剂可以放在干净的纸或表面皿上称量。具有腐蚀性、强氧化性或易潮解的固体试剂不能在纸上称量，应放在玻璃容器内称量。

g. 取用试剂后立即盖紧瓶盖。

h. 不能用药匙取用热药品，也不要接触酸、碱溶液。

i. 有毒的药品要在教师的指导下处理。

（2）化学实验室液体试剂的取用

① 取用方法　取用少量液体时，可用胶头滴管吸取。取一定体积的液体可用滴定管、移液管或移液器。取液体量较多时可直接倾倒，采用量筒量取所需体积。

当取液体量较多时，先把瓶塞拿下，倒放在桌上。然后一手拿起瓶子（注意瓶上的标签应向着手心，以免倒完药品后，残留在瓶口的药液流下来，腐蚀标签），另一手略斜地把试管持好，使瓶口紧挨着试管口，把液体缓缓地倒入试管里。倒出液体的体积到实验所需数量时为止。当需用液体倒完后，把试管口在瓶口处蹭几下，使残留在瓶口处的药液也流入到试管中。然后立即盖紧瓶塞，把瓶子放回原处，并注意使瓶上的标签向外。

② 液体药品取用时应注意的事项

a. 使用胶头滴管"四不能"：不能伸入和接触容器内壁，不能平放和倒拿，不能随意放置，未清洗的滴管不能吸取别的试剂；

b. 用胶头滴管取用试剂时，先用适度的力吸入液体，切勿使液体进入胶头；

c. 使用滴管时应垂直于接收容器口的上方，轻轻挤压胶头，使液体从容器口的正中悬空滴入容器内，切勿让滴管的尖嘴触及容器内壁；

d. 从滴瓶中取液体试剂时，要用滴瓶中的滴管，滴管绝不能伸入所用的容器中，以免接触器壁而沾污药品。从试剂瓶中取少量液体试剂时，则需要专用滴管；

e. 用过的试管要立即用清水冲洗干净；但滴瓶上的滴管不能用水冲洗，也不能交叉使用；

f. 在取用具有强氧化性、强腐蚀性、毒性的试剂时必须佩戴防护性手套；

g. 细口瓶的瓶塞必须倒放在桌面上，防止药品腐蚀实验台或污染试剂；

h. 瓶口必须紧挨试管口并且缓缓地倒，防止药液损失；

i. 试剂瓶贴标签的一面必须朝向手心处，防止药液洒出腐蚀标签；

j. 倒完液体后，要立即盖紧瓶塞，并把瓶子放回原处，标签朝向外面，防止药品潮解、变质；

k. 向试管中倾倒液体时，取用液体的量不能超过试管总容积的 1/3；

l. 往烧杯中倾倒液体试剂应沿玻璃棒缓慢倾倒，玻璃棒下端应轻抵烧杯内壁，瓶口需紧贴玻璃棒；

m. 当向量筒中倾倒液体接近所需刻度时，应停止倾倒，用胶头滴管滴加至所需刻度线；

n. 读数时量筒必须放平，视线要与量筒内液体的凹液面的最低处保持水平，再读出液体的体积；

o. 配制一定物质的量浓度溶液中，引流时，玻璃棒的上面不能靠在容量瓶口，而下端则应靠在容量瓶刻度线下的内壁上；

p. 配制一定物质的量浓度溶液时，溶解或稀释后溶液应冷却至室温再移入容量瓶；

q. 容量瓶不能长期存放溶液，更不能作为反应容器，也不能互用。

（3）特殊危险药品的取用

特殊危险药品包含易燃、易爆和腐蚀性药品，操作人应事先了解所取用药品的注意事项并在有防护的前提下取用，取用时通常应注意以下几点：

① 严禁在有危险化学品的场所进食、饮水和吸烟；

② 处理危险化学品前，要先确认化学品种类，防止因相互反应而发生事故；

③ 经常洗手和清洗工作服，及时清除黏附在皮肤上的有毒化学品；

④ 在处理具有刺激性的化学品时，应在通风橱内或通风良好的空间进行，并戴防护手套；

⑤ 存放危险化学品的容器应密封良好且放置安全，保持室内通风良好；

⑥ 有些实验可能生成有危险性的化合物，操作时需特别小心；有些类型的化合物具有爆炸性，如叠氮化物、干燥的重氮盐、硝酸酯、多硝基化合物等，使用时需严格遵守操作规程，防止蒸干溶剂或震动；

⑦ 开启贮有挥发性液体的瓶塞时，必须先充分冷却，然后开启，开启时瓶口必须指向无人处，以免由于液体喷溅而遭到伤害；如遇瓶塞不易开启时，必须注意瓶内贮物的性质，切不可贸然用火加热或乱敲瓶塞等；

⑧ 易燃有机溶剂（特别是低沸点易燃溶剂）在室温时即具有较大的蒸气压，空气中混杂易燃有机溶剂的蒸气达到某一极限时，遇有明火即发生燃烧爆炸，因此切勿将易燃溶剂倒入废物缸或排水槽中；量取易燃溶剂应远离火源，最好在通风橱中进行；蒸馏易燃溶剂的装置，要防止漏气，接收器支管应与橡皮管相连，使余气通往水槽或室外；

⑨ 当使用有毒药品时，应认真操作，妥善保管，不许乱放，做到用多少领多少；实验中所用的剧毒物质应由专人负责收发，并向使用者提出必须遵守的操作规程；实验后的有毒残渣，必须做妥善而有效的处理，不准乱丢；

⑩ 有些有毒物质会渗入皮肤，因此在接触固体或液体有毒物质时，必须做好对暴露皮肤的防护，取用时须戴橡胶手套，操作后立即洗手，防止毒品经手沾及五官及伤口。

4.2.3 仪器的洗涤

4.2.3.1 常见洗涤方法

洗涤仪器的方法很多，应根据实验的要求、污物的性质和沾污的程度来选用。一般来说，附着在仪器上的污物既有可溶性物质，也有尘土和其他不溶性物质，还有有机物质和油垢。针对不同污物，可以分别用下列方法洗涤。

（1）用水和毛刷刷洗

用水和毛刷刷洗，可洗去可溶性物质，或使仪器上的尘土和不溶性物质脱落，但往往不能洗去油垢和有机物质。

（2）用去污粉或合成洗涤剂洗

合成洗涤剂中含有表面活性剂，去污粉中含有碳酸钠以及能在刷洗时起摩擦作用的白土和细沙，它们可以洗去油垢和有机物质。若油垢和有机物质仍然洗不干净，可用热的碱液洗，也可用洗涤剂在超声波作用下清洗。

（3）用铬酸洗液洗

严重沾污或口径很小以及不宜用刷子刷洗的仪器，如坩埚、称量瓶、吸量管、滴定管等宜用洗液洗涤。它是浓硫酸和饱和重铬酸钾的混合物，有很强的氧化性和酸性，对有机物和油污的去污能力特别强。洗液可反复使用。使用洗液时，应避免引入大量的水和还原性物质（如某些有机物），以免洗液冲稀或被还原变绿而失效。洗液具有很强的腐蚀性，用时必须注意安全。

洗液的配制：将 25g 粗 $K_2Cr_2O_7$ 研细，溶于 50mL 水中，加热使之溶解，冷却后将 450mL 浓硫酸在不断搅拌下慢慢加入冷却好的 $K_2Cr_2O_7$ 溶液中即成。配好的洗液为深褐色，经反复使用后，它的颜色变为绿色，即重铬酸钾被还原为硫酸铬时，洗液即失效而不能使用。

用洗液洗涤时，装入少量洗液，将仪器倾斜转动，使管壁全部被洗液湿润。转动一会儿后倒回原洗液瓶中，再用自来水把残留在仪器中的洗液洗去，最后用少量的蒸馏水洗三次。用洗液浸泡仪器或把洗液加热，其效果会更好。

由于六价铬有毒，洗液的残液排放出去，会污染环境，所以要尽量避免使用。近来常用2％左右的厨用洗洁精代替铬酸洗液，也能取得较好的洗涤效果。

使用洗液时，应注意以下几点：

① 尽量把仪器内的水倒掉，以免把洗液冲稀；

② 洗液用完后应倒回原瓶内，可反复使用；

③ 洗液具有强的腐蚀性，会灼伤皮肤，破坏衣物，如不慎把洗液洒在皮肤、衣物和桌面上，应立即用水冲洗；

④ 已变成绿色的洗液（重铬酸钾还原为硫酸铬的颜色），无氧化性，不能继续使用；

⑤ 铬（Ⅵ）有毒，清洗残留在仪器上的洗液时，第一、二遍的洗涤水不要倒入下水道，应回收处理。

4.2.3.2 特殊污物的洗涤

（1）特殊污物的洗涤

可根据污物的化学性质，通过用合适的化学试剂与之作用，将黏附在器壁上的物质转化为水溶性物质，然后用水洗去。例如，仪器上沾有较多的 MnO_2，用酸性硫酸亚铁溶液或稀 H_2O_2 溶液洗涤，效果会更好些；碳酸盐、氢氧化物可用稀盐酸洗；沉积在器壁上的银或铜，以及硫化物沉淀，可用硝酸加盐酸洗涤；难溶的银盐，可用硫代硫酸钠溶液洗等。

用以上各种方法洗涤后的仪器，经自来水冲洗后，往往还残留有 Ca^{2+}、Mg^{2+}、SO_4^{2-} 等离子，如果实验中不允许这些杂质存在，则应该用蒸馏水或去离子水把它们洗去。洗涤时，应按"少量多次"的原则，一般以三次为宜。

洗涤干净的标准：仪器外观清洁、透明，除水分子外无其他任何杂物，器壁均匀地附着一层水膜，既不聚成水滴，也不成股流下。

凡是已经洗净的仪器，绝不能用布或纸擦干，否则，布或纸上的纤维会附着在仪器上。

（2）特殊玻璃仪器的洗涤

① 烧杯、锥形瓶 一般的玻璃器皿可用毛刷蘸去污粉刷洗，再用自来水洗干净，然后用蒸馏水冲洗。

② 容量瓶的清洗 洗涤容量瓶时，先用自来水洗几次，倒出水后，内壁不挂水珠，即可用蒸馏水荡洗3次后，备用。若挂有水珠，就必须用铬酸洗液洗涤。为此，先尽量倒出瓶内残留的水，再加入10～20mL洗液，倾斜转动容量瓶，使洗液布满内壁，可放置一段时间，然后将洗液倒回原瓶中，再用自来水充分冲洗容量瓶和瓶塞，洗净后用蒸馏水荡洗3次，一般每次用15～20mL。

③ 移液管的洗涤 清洗：使用前，移液管应洗至整个内壁和其下部的外壁不挂水珠。为此，可先用自来水洗一次，再用铬酸洗液洗涤。用左手持洗耳球，将食指或拇指放在洗耳球的上方，其余手指自然握住洗耳球，用右手的拇指和中指拿住移液或吸量标线以上的部分，无名指和小指辅助拿住移液管，将洗耳球对准移液管口，管尖贴在吸水纸上，用洗耳球压气，吹去其中残留的水，然后排除洗耳球中的空气，将管尖伸入洗液瓶中，吸取洗液至移液管的1/4处，移开洗耳球，与此同时，用右手的食指堵住管口，把管横过来，左

手扶住管的下端，松开右手食指，一边转动移液管，一边使管口降低，让洗液布满全管。然后，从管的上口将洗液放回原瓶，用自来水充分冲洗，再通过洗耳球，如上操作，吸取蒸馏水将整个管的内壁润洗 3 次，荡洗的水应从管尖放出。亦可用洗瓶从管的上口吹洗，并用洗瓶吹洗管的外壁。

润洗：移取溶液前，可用吸水纸将管的尖端内外的水除去，然后用待吸溶液润洗 3 次。方法是：按前述洗涤操作，将待吸液吸至球部的 1/4 处（注意，勿使溶液流回，以免稀释溶液），如此反复荡洗 3 次，润洗过的溶液应从尖口放出、弃去。

④ 滴定管的洗涤

酸式滴定管的洗涤：酸式滴定管的洗涤可以采用以下几种方法清洗：用自来水冲洗；用滴定管刷蘸合成洗涤剂刷洗，但铁丝部分不得碰到管壁（如果用泡沫塑料刷代替更好）；用前面方法不能洗净时，可用铬酸洗液洗涤。为此，加入 5～10mL 洗液于酸管中，两手边转动酸管、边放平，直至洗液布满全管。转动滴定管时，将管口对着洗液瓶口或烧杯口，以防洗液洒出。然后，打开活塞，将洗液从出口管放回原瓶中。必要时也可加满洗液浸泡一段时间；可根据具体情况选用针对性洗液进行清洗。无论用哪种清洗方法清洗后，都必须用自来水冲洗干净，再用蒸馏水荡洗 3 次，每次 10～15mL。将管外壁擦干后，管内壁应完全被水均匀润湿而不挂水珠。

碱式滴定管的洗涤：碱式滴定管的洗涤方法和酸式滴定管的洗涤方法相同。如需用铬酸洗液洗涤时，可将管端胶管取下，用胶帽堵住碱管下口进行洗涤。加入 5～10mL 洗液于碱管中，两手边转动碱管、边放平，直至洗液布满全管。转动滴定管时，将管口对着洗液瓶口或烧杯口，以防洗液洒出。用自来水冲洗和蒸馏水荡洗后，碱管内壁应被水均匀润湿而不挂水珠，否则应重新清洗。如需用洗液浸泡一段时间，可将碱管直立夹在滴定管架上，将铬酸洗液直接倒入碱管中浸泡。浸泡后，管端胶管弃去。

⑤ 石英和玻璃比色皿的清洗　切不可用强碱清洗，因为强碱会浸蚀抛光的比色皿。只能用洗液或 1%～2% 的去污剂浸泡，然后用自来水冲洗，这时使用一支绸布包裹的小棒或棉花球棒刷洗，效果会更好，清洗干净的比色皿也应内外壁不挂水珠。

4.2.4　仪器的干燥方法

（1）晾干

不急用的洗净的仪器可倒置在干燥的实验柜内或仪器架上，倒置后不稳定的仪器应平放，让其自然干燥，以供下次实验使用。

（2）吹干

用压缩空气或吹风机把仪器吹干。

（3）烘干

洗净的仪器可以放在电热干燥箱或烘箱内烘干，但放进去之前应尽量把水倒净。放置仪器时，应注意使仪器的口朝下，倒置后不稳的仪器则应平放。可以在电热干燥箱的最下层放一个搪瓷盘，以接收从仪器上滴下的水珠，不使水滴到电炉丝上，以免损坏电炉丝。

（4）烤干

烧杯和蒸发皿可以放在石棉网上用小火烤干。试管可直接用小火烤干，操作时应管口向下，以免水珠倒流入试管底炸裂试管，并不时来回移动试管，待水珠消失后，将管口朝上加热，以便水汽逸去。

（5）用有机溶剂干燥

带有刻度的计量仪器不能用加热方法干燥，否则，会影响仪器的精密度。当紧急使用时，可将少量易挥发的有机溶剂（如酒精或酒精与丙酮的混合液）加到洗净的仪器中，把仪器倾斜，转动仪器使器壁上的水与有机溶剂混合，然后倾出混合液回收，少量残留在仪器内的混合液会很快挥发使仪器干燥，必要时可用电吹风往仪器中吹冷风。

4.3 常见化学设备安全操作

4.3.1 实验室冰箱

实验室冰箱（见图4.7）是科研实验室中用来储存低温、恒温物品不可或缺的仪器设备，在实验室中使用冰箱时需要注意以下事项：

图 4.7 实验室冰箱

① 实验室冰箱禁止存放食品或其他与实验无关的物品。

② 实验室冰箱的用电线路应该尽量简单规范，插头上要粘贴警示标志，不能随意插拔，且冰箱的插线板尽量不要和别的仪器共用。

③ 贮藏易挥发试剂、低沸点试剂、易燃易爆物品时需使用专业的防爆冰箱或经防爆改造的冰箱，若条件不允许则必须改变其用途，只能贮藏普通物品，使用普通冰箱时一定要绝对密封，平稳放置，并在冰箱表面贴上警示标志。

④ 严禁将易燃易爆物品、气体钢瓶和杂物等堆放在冰箱的附近，要保持实验室通风。

⑤ 发生停电后，一定要把冰箱门敞开并通风一段时间之后再重新接通电源方可使用。

⑥ 要定期清理冰箱中过期或长期无人使用的试剂。冰箱应该及时除霜。

4.3.2　通风橱

通风橱（图 4.8）是实验室常用的大型排风设备。涉及挥发性的有毒有害物质（含刺激性物质）或毒性不明的化学物质的实验操作都必须在通风橱中进行，以避免在实验过程中操作者直接吸入有毒有害气体、蒸气或微粒，这样既可避免操作者受到伤害，保障人员的健康，也可防止污染周围环境。

图 4.8　通风橱

在实验室使用通风橱时需要注意以下事项：

① 使用前应检查电源、给排水、气体等各种开关及管路是否正常；开启抽风机约 3min 的时间，静听运转声音是否有异样。依以上顺序检查时，如有问题，应立即暂停使用。

② 进入实验室应先开窗通风，其次再开通风橱。

③ 为避免室内出现负压，通风橱在使用时，建议每隔 2h 进行 10min 的补风，若持续使用时间超过 5h 则要敞开窗户。

④ 为了保障排风不受阻碍，通风橱内只放当前使用的物品，不可堆放试剂或其他杂物，禁止放置大件设备。

⑤ 使用的危险化学品及玻璃仪器不宜离柜门太近。

⑥ 通风橱下方密闭空间不宜存放易挥发、易燃易爆、有腐蚀性的试剂等物品。

⑦ 禁止将移动插线排或电线放在通风橱内。

⑧ 进行操作时，通风橱柜门应拉到胸部以下，以确保操作者胸部以上受到柜门防爆玻璃的保护。操作者可将手伸进通风橱内进行操作，切忌将头伸进通风橱内操作或查看实验。

⑨ 操作结束后，尽量将柜门放到最低，并保持风机开启 1～2min，以确保有毒有害气体充分排走。

⑩ 产生有毒有害气体的实验必须在开启通风橱排风的情况下在柜内操作。

⑪ 应定期对通风橱的硬件设备进行检查，对面风速进行测试，确保化学实验室的通风橱面风速保持在 0.5m/s。

4.3.3 超净工作台

超净工作台，又称净化工作台，如图 4.9 所示，可以提供局部无尘、无菌的工作环境，能保护在工作台内操作的试剂等不受污染，被广泛应用于医疗卫生、制药、生物、化学实验室等行业。

图 4.9　超净工作台

（1）使用超净工作台之前的检查

① 接通超净工作台的电源查看是否通电；

② 打开风机，检查风机是否正常运转以及高效过滤器出风面是否有风送；

③ 检查照明及紫外设备能否正常运行，若不能正常运行则应停止使用并及时维修；

④ 操作前必须对工作台周围环境及空气进行超净处理，可通过酒精消毒以及紫外灯照射进行灭菌处理；

⑤ 净化工作区内严禁存放不必要的物品，以保持洁净气流流动不受干扰。

（2）超净工作台的使用流程

① 打开紫外灯对超净台进行灭菌（15min 以上）。打开通风以排除臭氧，等待约 30min 后再使用；

② 用 75% 酒精擦拭台面和超净工作台内物品；

③ 在超净工作台内使用的物品必须提前经过灭菌处理后方可拿进超净工作台内使用，可根据具体种类选择高压蒸汽灭菌或用 75% 酒精擦拭；

④ 可将超净工作台分为洁净区、工作区和废弃物暂存区，超净工作台内的物品分区摆放，严格按照无菌操作规程完成实验内容；

⑤ 实验完毕，将实验用品和废弃物移出超净工作台，存放在超净工作台内的物品则

整理归位，并使用75%酒精擦拭台面；

⑥ 使用结束后，关闭通风及照明开关，玻璃门拉至最底部，可根据需要打开紫外灯进行灭菌。

（3）在实验室使用超净工作台的注意事项

① 超净工作台进行灭菌处理后方可使用，进行实验操作要佩戴手套并用75%酒精擦拭消毒；

② 操作时必须佩戴手套，可以佩戴口罩和护目镜进行安全防护，避免来自超净工作台内实验样品的伤害；

③ 进行操作时，超净工作台柜门应拉到胸部以下，操作者只可将手伸进超净工作台内进行操作，切忌将头伸进超净工作台内操作或查看实验；

④ 超净工作台的气流是由内向外，只能保护样品不受污染，不能保护操作者，一定不能操作具有生物危害性的试剂；

⑤ 进行紫外灭菌时不要靠近更不能进行实验操作，紫外灭菌后会产生臭氧，通风半小时后方可使用，切记不要立刻使用；

⑥ 非必要物品不放置在超净工作台内，以保持洁净气流不受干扰。超净工作台内空气流速较大，台内物品应分类摆放，防止被废弃物交叉污染；

⑦ 使用完毕后及时关闭超净工作台，避免长时间处于工作状态。定期清理检查和更换过滤器。

4.3.4 紫外灯

紫外灯是一类可以产生有效范围较大的紫外线的光源，常用于杀菌消毒。照射距离越远，紫外线强度越低，再加上紫外线穿透能力差，因此只适用于局部或小区域消毒且必须靠近使用。

在使用紫外灯的过程中应注意如下事项：

① 对于采用低压汞蒸气气体放电的紫外灯，由于有启动时间，一般需要3～5min才能达到最好的杀菌效果，所以正常杀菌都需要5min以上。如果是物体表面消毒，最好在15～30min之间。如果是房间消毒杀菌，根据房间面积照射30～120min。对于洁净间消毒来说，照射30～60min即可。

② 紫外线对人体有害，在紫外线消毒期间，不要在房间内停留、走动，以防影响效果。

③ 经过紫外灯消毒的房间，应及时通风，将空气中的臭氧排干净后才可使用。

④ 一些物体如墙体塑料等受到紫外线的长时间照射会加速老化，因此移液器、显微镜等会受到影响的特殊物品，在紫外线环境下需要进行遮盖保护。

⑤ 由于紫外线的穿透能力差，为保证全面消毒，房间消毒应打开所有的柜门、抽屉等，使室内所有的空间充分暴露，都得到紫外线的照射。

⑥ 紫外灯灯管表面的污垢会影响紫外线的穿透力，从而影响杀菌效果。因此至少每周用75%的酒精擦拭1次，以保持灯管的清洁。

⑦ 紫外灯的使用寿命是有限的，一般紫外灯的有效寿命通常为1000～3000h，低压高能灯管的使用时间可达8000～12000h，中压灯管可达5000～6000h。应建立使用记录和定期检查。为延长灯管寿命，建议在通风散热的环境下使用，连续使用时间不超过4h，

关灯后如需再次使用，应冷却 3～4min 后再开，不要立刻打开。

⑧ 由于紫外灯中含有汞，淘汰后不能随意丢弃，应作特殊回收处理。

4.3.5 烘箱

实验室常用的烘箱大多为鼓风干燥箱，如图 4.10 所示，采用电加热的方式进行鼓风循环干燥试验，通过循环风机吹出热风，保证箱内温度平衡。

图 4.10　电热鼓风干燥箱

实验室使用烘箱时需要注意以下事项：

① 烘箱应安放在室内干燥和水平处，防止震动和腐蚀。

② 烘箱在使用时，温度切勿超过烘箱的最高使用温度。

③ 放置和拿取物品应在关闭加热的状态下进行，切忌在加热状态下进行。

④ 待干燥物品应均匀放入烘箱样品架上，不可将物品放置在烘箱底部的加热丝上方的散热板上，避免热量无法上流导致热量积累。

⑤ 烘箱内不要存放过多物品，应留出能使烘箱内气流对流的空间。

⑥ 电热烘箱一般只能用于烘干玻璃、金属容器和在加热过程中不分解、无腐蚀性的样品。

⑦ 若样品加热后会产生相变，则应用托盘承装，以防污染其他样品。

⑧ 禁止烘易燃、易爆、易挥发及有腐蚀性的物品，以及用酒精、丙酮淋洗过的玻璃仪器。

⑨ 除了取放物品，箱门应保持紧闭。

⑩ 箱门上有螺栓，关闭时需确认箱门与硅胶密封条严密。

⑪ 关闭箱门时应轻轻关闭，不可太用力，以防箱体大幅振动导致箱内物品翻动。

⑫ 在通电运作时，切忌用手触及烘箱两侧，也不能用湿布擦拭及用水冲洗，进行检验时应将电源切断。

⑬ 在加热和恒温的过程中必须将鼓风烘箱的风机开启，否则影响工作室温度的均匀性，并且会损坏加热元件。

⑭ 工作完毕后应及时切断电源，且保持烘箱内外干净。

4.3.6 超声波清洗器

超声波清洗器通过换能器将功率超声频源的声能转换成机械振动，从而将污染物清除，常用于实验室的物品清洗，如图 4.11 所示。

图 4.11 超声波清洗器

在实验室中使用超声波清洗器应注意如下事项：

① 超声波清洗器的电源必须安全布线并有良好接地装置。

② 禁止在清洗槽内无清洗液的情况下开机使用，以免损坏震动头。

③ 清洗槽内加入的清洗液不得低于槽深 1/3，也不得高于最高水位线。

④ 严禁将高温液体直接注入常温的清洗槽中，以免损伤换能器。

⑤ 禁止直接使用强酸、强碱、易燃易爆、易挥发的溶剂作为清洗液，若使用的清洗剂酸碱性较强，可选用耐腐蚀的塑料槽。

⑥ 待清洗物品不能直接放入清洗槽中，应在清洗架上固定好后随清洗架放入清洗槽内。

⑦ 换液或排液时禁止直接倾倒，应通过排液口将清洗液排出，以免液体进入设备内部。

⑧ 在工作过程中，不要在附近开启大功率设备，以免大功率机器突然停止时，超声波清洗机承受电压过高而被烧坏。

⑨ 禁止用重物碰撞清洗槽槽底，以免损伤换能器。

4.3.7 电磁搅拌器

电磁搅拌器根据磁场的同性相斥、异性相吸的原理，利用磁场带动容器中的磁子旋转，进而起到搅拌液体的作用，常用于实验室中搅拌或同时加热搅拌低黏度的液体或固液混合物，如图 4.12 所示。

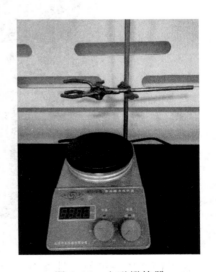

图 4.12 电磁搅拌器

在实验室中使用电磁搅拌器应注意如下事项：

① 在搭建装置前，应检查搅拌和升温功能是否正常使用。

② 使用前应检查电源是否已成功连接，检查调速旋钮和控温旋钮是否归零，若未归零，应先调至零后再使用。

③ 严禁将电源线搭在加热面板上，以防电线被烧毁。切勿用手触及加热面板，以防烫伤。

④ 严禁在搅拌器工作时放入磁子，以免磁子因不同步而跳子。

⑤ 搅拌器转速应从低调至高，不允许直接以高速挡启动，以免磁子不同步而跳子，转速并非越快越好，搅拌充足且能使磁子平稳转动为佳。

⑥ 当搅拌阻力较大的物体如固体时，转速由低调至高，转速过高会使磁子原地打转。若搅拌力度不够，首先检查搅拌电机是否正常，然后检查磁性强弱。

⑦ 搅拌时出现磁子跳动或不搅拌的情况，应先切断电源，检查烧杯位置是否摆正，杯底是否平置。

⑧ 为确保安全，不工作时应断开电源，仪器应保持清洁干燥，严禁溶液进入机内，以免损坏机件。

⑨ 使用完毕，将调速旋钮和控温旋钮归零，关闭电源，擦拭干净后存放于干燥处。

4.3.8 离心机

离心机利用高速下产生的离心力进行固液分离或液液分离。实验室常用的是电动离心机，其转动速度较快，如图 4.13 所示。

图 4.13 离心机

为了提高离心机使用性能及寿命，减少离心机使用安全隐患，使用离心机时需要注意以下事项：

① 离心机应放置在坚固的水平面上，以免离心时仪器振动。

② 开机前需检查机腔内有无异物。

③ 使用过程中若发现有噪声、机身振动等异常现象时，应立即关闭电源停止使用，及时报修。

④ 禁止使用老化、变形及伪劣的离心试管。

⑤ 离心管应对称摆放，若样品数不足以对称摆放时可用空白样品，以保证离心机受力平衡，以免离心时仪器振动。

⑥ 离心具有挥发性或腐蚀性液体时，应使用带盖的离心管，并确保液体不外漏，以免侵蚀机腔或造成事故。

⑦ 确认离心机顶盖关闭后方可启动离心机。

⑧ 离心时切忌无人看守。

⑨ 离心结束后，先确认离心机结束运转再关闭离心机，最后才能打开离心机盖。

⑩ 使用结束后应立即记录使用情况，并定期检修机器。

⑪ 应定期清洁机腔。

4.3.9 微波消解仪

微波消解仪利用了微波的穿透性和激活反应能力，加热密闭容器内的试剂和样品使其在高温高压条件下快速溶解，能够大大提高反应速率，缩短制样的时间，如图 4.14 所示。

图 4.14　微波消解仪

微波消解仪在使用过程中需要注意以下事项：

① 严禁消解易燃易爆易挥发物质。

② 使用前检查仪器是否运行正常，若运行不正常则立即停止使用；检查容器和转子是否干净，若不干净则应清洁干净并确保干燥无水后方可使用。

③ 使用前确保制样罐的陶瓷外管和消解管无液体或杂质存在，以免造成机器故障或导致爆炸。

④ 制样罐内的样品、试剂和溶剂总体积不能超过内杯容积的 30％。

⑤ 加热时，最大使用功率为 80％，若制样罐少于 4 只时，则应使用 50％ 以下的功率。

⑥ 千万不要在制样罐外套金属类外罩，否则将引发打火或击穿；微波制样中一定避免将金属物质混入。

⑦ 使用结束后，应将仪器清洁干净，特别是探头和接口处不能留有污渍，否则容易短路。

⑧ 除了可加热敞口容器中的水外，其他任何酸、碱、盐等均不可使用开口容器加热。

⑨ 对于反应剧烈的消解制样，应先在开口状态下保持制样容器在通风橱内进行反应，待反应平静后，方可盖上容器盖，把容器放入制样系统中。

⑩ 微波消解仪在运行结束前以及在运行过程中，只要压力数值不为"0"，就千万不能按"清零"键。

⑪ 微波消解仪工作结束后，只有压力降到"0"或接近"0"后，才能取下压力控制系统，取出样品罐。

⑫ 取出样品罐后，严禁用凉水直接冲凉降温，否则将导致制样罐外罐变形或破裂。

⑬ 千万不要使用汽油、乙醇等有机溶剂或金属刷、铲刷洗，也不要用水冲洗谐振腔。

4.3.10　马弗炉

马弗炉是实验室中常用的加热设备，主要用于各种有机物和无机物的热处理、灰化、磺化、熔融、烘干、熔合等，如图 4.15 所示。

图 4.15　马弗炉

马弗炉在使用时需要注意以下安全事项：

① 马弗炉工作时会使炉外套变热，应安装在周围无杂物，尤其是无易燃物的平坦稳固的台面上，位置不能与电炉太近，防止由于控制器过热而造成内部元件损坏。

② 严禁在无人照看的情况下使用马弗炉，以防自控失灵造成事故。

③ 马弗炉的工作温度不得超过最高炉温，尽量避免长时间工作在额定温度以上，以免烧毁电热元件。

④ 马弗炉和控制器必须在相对湿度不超过 85％、没有导电尘埃、无易燃易爆物品和腐蚀性物质的场所工作，禁止向炉内灌注各种液体及易熔金属。

⑤ 确保电源关闭且炉膛温度为室温后才可放取炉膛内的样品，并轻拿轻放，谨防烫伤及损坏炉膛。

⑥ 切勿在高温状态或使用过程中拔出或插入热电偶，以防外套管炸裂。

⑦ 马弗炉开机后应避免停机，以防破坏加热元件的氧化层，缩短加热元件的寿命。为延长马弗炉使用寿命和保证安全，在设备使用结束之后应及时将样品从炉膛内取出，结束加热并关掉电源。

⑧ 在做灰化试验时，一定要先将样品在电炉上充分炭化后，再放入灰化炉中，以防

炭的积累损坏加热元件。

⑨ 循环加热后可能会造成马弗炉的绝缘材料出现裂纹，这些裂纹是热膨胀引起的，不影响马弗炉质量。

⑩ 马弗炉工作结束后，应切断电源，不应立即打开炉门，以免炉膛突然受冷碎裂，应使其自然降温，如急用，可先开一条小缝，让其降温加快，待温度降至200℃以下时，方可开炉门。

4.3.11 高压蒸汽灭菌器

高压蒸汽灭菌器如图4.16所示，操作人员要熟知设备性能及操作要求，严格按照操作规程使用高压容器设备。

实验室使用高压蒸汽灭菌器时需要注意以下事项：

① 灭菌器开机前，检查密封圈、前封板、门板、直线导轨有无杂物和损坏；检查障碍开关及锁紧有无异常；用干净的棉布进行擦洗；检查灭菌器连接的蒸汽源及水源开关时，首先检查其压力是否达到核定标准，水源压力是否达到规定值。

② 灭菌器运行中，操作人员不得远离设备，应密切观察设备的运行状况，如有异常，及时处理，防止意外事故发生。

③ 灭菌器运行结束后，待室内压力回零后，方可打开后门取出物品。

④ 灭菌器使用结束后，打开仓门，切断设备控制电源和动力电源或空气压缩机电源，关闭蒸汽源、供水阀门及压缩空气阀门。

⑤ 灭菌器使用完毕后应保持其内外及操作间清洁，应将仓内污物清洗干净，以防杂质堵塞。

4.3.12 反应釜

反应釜如图4.17所示，是一种低高径比的圆筒形反应器，用于实现液相单相反应过程和液液、气液、液固、气液固等多相反应过程。反应器内常设有搅拌装置。在反应过程中物料需加热或冷却时，可在反应器壁处设置夹套，或在器内设置换热面，也可通过外循环进行换热。

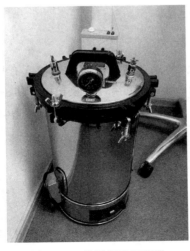

图4.16　高压蒸汽灭菌器

图4.17　反应釜

使用反应釜时需要注意以下事项：

① 在使用反应釜前先检查与反应釜有关的管道和阀门，在确保符合受料条件的情况下方可投料，同时检查搅拌电机、减速机、机封等是否正常，减速机油位是否适当，机封冷却水是否供给正常。

② 严格执行工艺操作规程，密切注意反应釜内温度和压力以及反应釜夹套压力，严禁超温和超压。

③ 若发生超温现象，立即用水降温，降温后的温度应符合工艺要求；若发生超压现象，应立即打开放空阀，紧急泄压。

④ 若因停电造成停车，应立即停止投料；若投料途中停电，应立即停止投料，打开放空阀，给水降温；若长期停车，应将釜内残液清洗干净，关闭底阀、进料阀、进气阀、放料阀等。

4.3.13 高效液相色谱仪

高效液相色谱仪如图 4.18 所示。在使用高效液相色谱仪/高效液相色谱-质谱联用仪时需要注意以下事项：

图 4.18 高效液相色谱仪

① 所有的溶剂均选用 HPLC 级试剂。

② 连接质谱仪时，禁止使用含不挥发性缓冲盐的流动相，流动相中如含有挥发性缓冲盐，必须用 5% 甲醇或 5% 乙腈冲洗；水相流动相需经常更换，防止长菌变质。

③ 样品均用 $0.45\mu m$ 的滤膜过滤后才可进样，超高效液相色谱必须用 $0.22\mu m$ 的滤膜过滤。

④ 色谱柱用合适的溶剂保存，若为 C_{18} 柱推荐用甲醇保存。

⑤ 质谱的真空度一般要大于 10^{-6}Pa，在此范围内仪器才可正常工作。

4.3.14 气相色谱仪

气相色谱仪如图 4.19 所示，气相色谱仪常用于分离挥发性物质；气相色谱-质谱联用仪是将气相色谱与质谱仪进行串联。

图 4.19　气相色谱仪

使用过程中应注意以下事项：

① 务必记住开机前先开载气，关闭仪器时最后关载气。

② 在仪器运行过程中，禁止通过电源开关重启质谱仪，如遇特殊情况，可通过重启按钮来实现质谱仪的重启。

③ 测试样品的前处理过程必须符合仪器要求。

④ 气相色谱的使用应注意用气安全。

4.3.15　核磁共振波谱仪

核磁共振波谱仪作为一种昂贵的大型精密仪器，在许多研究领域（特别是有机化学领域）具有非常重要的地位。

使用过程中应注意以下事项：

① 核磁共振测试的待测样品应装在规定的核磁管中，用适当的氘代试剂进行充分溶解。

② 在实验过程中，必须使用合格的核磁管，以免发生核磁管断裂，造成探头的污染或损坏。

③ 测试前应用柔软的布擦拭核磁管，擦去汗渍和其他杂质。

④ 仪器维护人员必须严格定期对液氦杜瓦瓶内的液氦液面进行监测，定期及时对液氦进行补充，以免对磁体造成损伤。

⑤ 禁止携带任何铁磁性物品进入核磁共振实验室，禁止使用心脏起搏器及其他金属医疗器械的人员进入核磁共振实验室。

4.3.16　X射线光电子能谱仪

X射线光电子能谱仪是一种表面分析仪器，主要用于表征材料表面元素和化学状态，是材料科学领域重要的仪器。

使用过程中应注意以下事项：

① X射线光电子能谱的待测样品必须无磁性、无放射性、无毒性；样品应不吸水，且在超高真空中及X射线照射下不分解。

② 样品必须不含挥发性物质，以免对高真空系统造成污染。

③ 样品的存放必须使用玻璃制品（如称量瓶、表面皿等）或者铝箔，不得使用塑料容器和纸袋。

④ 制备样品时应使用聚乙烯手套，不得使用塑料手套和塑料工具。

4.3.17　电感耦合等离子体发射光谱仪

电感耦合等离子体发射光谱仪如图 4.20 所示，主要用于金属元素的分析检测，应用领域包括材料科学、环境科学、医药食品等。

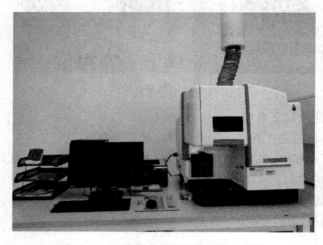

图 4.20　电感耦合等离子体发射光谱仪

使用过程中应注意以下事项：

① 高纯氩气和高纯氮气应存放在阴凉、通风处；每次安装好减压阀后，必须进行检漏。

② 点燃等离子体前，应先打开通风系统，确保炬室门封闭，锁扣到位；开启电感耦合等离子体发射光谱仪，应先开气源，再开循环水，最后开高频电源，关闭仪器按相反的步骤进行。

③ 打开炬室门前，应先封闭等离子体；5min 以后方可进行炬室处理工作。

④ 仪器操作结束后，必须封闭高频开关。

4.3.18　扫描电镜

扫描电镜如图 4.21 所示，是介于透射电镜和光学显微镜之间的一种微观形貌观察手段，是材料表征的重要手段。

使用过程中应注意以下事项：

① 进入扫描电镜室应当穿戴鞋套，进行操作时应保持室内卫生清洁，防止灰尘及其他碎屑污染。

② 样品必须为固体，必须在真空条件下可以长时间保持稳定。

③ 在样品制备时可将样品置于导电胶带或者硅片上面，需经强力洗耳球吹去粘不牢固的样品。

④ 导电性不好的样品必须先进行喷金操作。

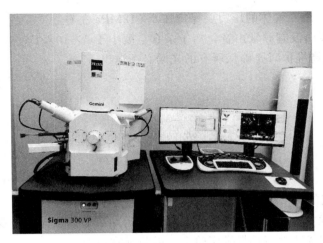

图 4.21　扫描电镜

　　⑤ 样品高度不能超过样品仓的安全高度，且必须用导电胶带固定牢固，以防样品在抽真空时发生脱落。

　　⑥ 开关样品仓门时，送样杆必须沿轴线方向进行推拉，必须待样品仓推拉到位时再进行下一步的操作，以防损坏设备。

　　⑦ 进行扫描电镜测样时一定要按规定进行操作。

4.3.19　透射电镜

　　透射电镜如图 4.22 所示，是一种高分辨率、高放大倍数的显微镜，是材料科学研究的重要手段，能提供极微细材料的组织结构、晶体结构和化学成分等方面的信息。

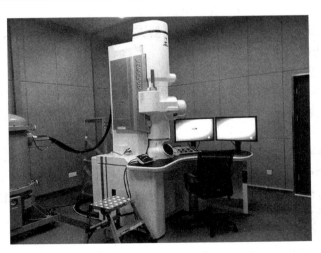

图 4.22　透射电镜

使用过程中应注意以下事项：

① 金属和生物样品必须通过离子减薄和超薄切片机进行制样处理。

② 样品必须进行干燥处理，磁性样品不能放进样品仓。

③ 空气压缩机要定期放水。

④ 高压箱内的 SF6 气体的压力要保持在 0.012MPa 左右。

⑤ 确保机械泵内没有异常声音，离子泵真空度小于 2×10^{-5} Pa。

⑥ 做 ACD 烘烤维护时要确保所有的光阑必须退出。

练　习

选择题

1. 关于实验室的饮食规定，以下说法不正确的是（　　　）。

A. 严禁在实验室内饮食，使用化学药品或实验结束后必须先洗净双手方能进食

B. 严禁将食物或饮食用具带进实验室，以防毒物污染

C. 可以将食物储存在实验室冰箱或储物柜中

D. 严禁将实验室内的任何器具器皿作为餐具使用

2. 实验室内药品应分类存放，以下说法不正确的是（　　　）。

A. 固液分开放、酸碱分开放

B. 有机无机分开放

C. 氧化性化学品与还原性化学品分开放

D. 具有危险性的化学危险品应一起放

3. 实验室正确使用插座是预防火灾的有效防控措施，在实验室中三孔插座用于（　　　）。

　A. 小型单相电器　　　　　B. 带金属外壳的电器和精密仪器

　C. 提供动力电　　　　　　D. 家用电器

4. 如遇电线走火，切勿用水或泡沫灭火器灭火，应立即切断电源，用（　　　）灭火。

A. 沙或二氧化碳灭火器　　B. 清水　　　　　　C. 干粉灭火器　　　　D. 泡沫灭火器

5. 下列关于实验室的操作，错误的是（　　　）。

A. 进入实验室必须遵守实验室的各项规定，严格执行操作规程，做好各类记录

B. 进入化学实验室前，应熟悉所使用的药品、仪器、设备的性能及操作方法和安全事项

C. 保持实验室整洁和地面干燥，及时清理废旧物品，保持消防通道通畅，便于开关电源及防护用品、消防器材等的取用

D. 在进行有危险性的化学实验时，应在通风橱中操作并采取恰当安全措施，参加实验人员可单独实验

6. 以下关于使用方法，错误的是（　　　）。

A. 易燃易爆试剂使用时应远离明火、热源。加热易燃试剂时，必须使用水浴、油浴、沙浴或电热套，绝对不可使用明火，实验应在通风橱内操作，并采取相应防护措施

B. 进行有爆炸危险的操作，所用到的玻璃容器必须使用磨口瓶塞，不得使用软木或胶皮塞

C. 加热或冷却玻璃器皿时，要避免局部受热或受冷

D. 实验室电路容量、插座等应满足仪器设备的功率需求；大功率的用电设备需单独拉线

7. 以下操作正确的是（　　　）。

A. 稀释浓酸时，将水直接注入酸中，并用玻璃棒缓慢不停地搅拌

B. 将氢氧化钠和浓硫酸直接中和

C. 使用易爆化学品（如高氯酸、过氧化氢等）可以摇动判断里面是否是粉末状

D. 蒸发易燃液体或有毒液体时，必须在通风橱中操作，禁止将蒸汽直接排在室内空间

8. 下列关于有机溶剂配制溶液注意事项错误的是（　　　）。

A. 有毒或易挥发的溶剂使用应在通风橱中操作

B. 有机溶剂要尽量避免接触皮肤，不慎接触到应立即用水冲洗

C. 有些在有机溶剂中难溶的物质，需要加热溶解，使用明火加热，加热过程中要不停搅拌

D. 易挥发溶剂配制的溶液应迅速塞好塞子，于低温中储存

9. 下列关于试剂取用错误的是（　　　）。

A. 粉末状药品应用药匙或纸槽送入横放的试管中，然后将试管直立，使药品全部落到底部

B. 块状药品应用药匙或纸槽夹取放入横放的试管中，然后将试管慢慢直立，使固体沿管壁缓慢滑下

C. 金属钠保存于煤油中，用镊子从煤油里将金属钠取出，在滤纸上吸净表面上的煤油，在玻璃片上或者培养皿中，用小刀切割下表面的氧化层，然后切一小块钠，剩余的金属钠不可再放回原试剂瓶

D. 取用少量液体时，可用胶头滴管吸取；取液体量较多时可直接倾倒，采用量筒量取所需体积

10. 在使用危险化学品进行实验的过程中，下列操作中出现错误的是（　　　）。

A. 严格按实验规程进行操作，在能够达到实验目的的前提下，尽量少用，或用危险性低的物质替代危险性高的物质

B. 实验人员应佩戴防护眼镜、穿着实验服及采取其他防护措施，并保持工作环境通风良好

C. 粉末过筛时，容易产生静电，所以过筛干燥的不安定物质时要特别注意

D. 做减压蒸馏时，可以使用锥形瓶，不可用圆底烧瓶或梨形接收瓶

11. 以下不属于可加热仪器的是（　　　）。

A. 蒸发皿　　　　　　　B. 量筒　　　　　　　C. 坩埚　　　　　　　D. 烧杯、烧瓶

12. 滴定管使用时的注意事项有误的是（　　　）。

A. 酸式滴定管不可盛装碱性溶液，相反，碱式滴定管亦不可盛酸性溶液

B. 强氧化剂（高锰酸钾溶液、碘水等）应放于碱性滴定管中

C. 滴定管的"零"刻度位于上方，滴定过程中应选用滴定管中间段液体，以确保数据准确

D. 滴定管不可加热

13. 下列对分液漏斗的说法错误的是（　　）。

A. 分液漏斗主要用于分离密度不同且互不相溶的液体

B. 分液漏斗也可作反应器的加液装置

C. 使用过程应注意分液时，上层液体从下口放出，下层液体从上口倒出

D. 分液漏斗不宜用于盛碱性液体

14. 冰箱是我们存放一些特殊药品的设备，下列使用时的注意事项有误的是（　　）。

A. 实验室冰箱的用电线路应该尽量简单，不能随意插拔，且冰箱的插线板不要和别的仪器共用

B. 保存低沸点试剂时使用专业的防爆冰箱

C. 发生停电事件后，应立刻重新接通电源以避免试剂温度恢复至室温

D. 冰箱应该及时除霜，并定期清理长期无人使用的试剂

15. 下列关于使用离心机时的注意事项中有误的是（　　）。

A. 使用离心机时必须使用试管垫或将其套管底部垫上棉花

B. 禁止使用老化、变形及伪劣的离心试管

C. 分离结束后，先打开离心机盖后关闭离心机

D. 摆放离心管时要注意受力平衡

16. 二氧化碳钢瓶瓶身颜色是什么？

A. 黄色　　　　　　　　B. 天蓝色　　　　　C. 黑色　　　　　　　D. 铝白色

17. 一定要注意危险化学品的使用安全，以下不对的做法是（　　）。

A. 了解所使用的危险化学药品的特性，不盲目操作，不违章使用

B. 妥善保管身边的危险化学药品，做到：标签完整，密封保存；避热、避光、远离火种

C. 室内可存放大量危险化学药品

D. 严防室内积聚高浓度易燃易爆气体

18. 使用胶头滴管"四不能"不包括（　　）。

A. 不能伸入和接触容器内壁　　　　　　B. 不能平放和倒拿

C. 不能随意放置　　　　　　　　　　　D. 清洗的滴管不能吸取别的试剂

19. 药品处理原则"三不一要"不包括（　　）。

A. 实验剩余的药品不能放回原瓶　　　　B. 可随意丢弃

C. 更不能拿出实验室　　　　　　　　　D. 要放入指定的容器内

20. （　　）具有麻醉兴奋作用，受热时可分解成氧和氮的混合物。如遇可燃性气体即可与此混合物中的氧进行化合燃烧。

A. 乙炔　　　　　　　　　　　　　　　B. 氢气

C. 氧气　　　　　　　　　　　　　　　D. 一氧化二氮（笑气）

填空题

1. 嗅闻气味时，应采用＿＿＿＿＿，禁止直接凑近嗅闻气味。

2. 为避免线路负荷过大引起火灾，功率＿＿＿＿＿以上的设备不得共用一个接线板。

3. 严禁将氧气瓶与＿＿＿＿＿接触，并严禁将其他可燃性气体混入氧气瓶。

4. 禁止采用＿＿＿＿＿对易燃物质进行蒸馏或加热操作。

5. 当发生强碱溅洒事故时，应用＿＿＿＿＿撒盖溅洒区，扫净并报告有关工作人员。

如果不慎将化学试剂弄到衣物和身体上，立即用大量清水冲洗_____。

6. 对易燃物质蒸馏或加热时，应使用_____进行加热；加热温度为100～250℃者，应使用_____进行加热。

7. 过滤操作过程应遵循_____的原则。

8. 试管内的液体不能超过容积的_____，加热时液体不得超过_____。

9. 一般的固体试剂可以放在干净的纸或_____上称量。具有腐蚀性、强氧化性或易潮解的固体试剂不能在纸上称量，应放在_____内称量。

10. 配制一定物质的量溶液时，溶解或稀释后溶液应_____再移入容量瓶。

11. 在处理具有刺激性的化学品时，应在_____内或通风良好的空间进行，并戴防护手套。

12. _____是浓硫酸和饱和重铬酸钾的混合物，有很强的氧化性和酸性，对有机物和油污的去污能力特别强。

13. 一些带有刻度的计量仪器，不能用_____方法干燥，否则，会影响仪器的精密度。

14. 操作超净工作台前必须对工作台周围环境及空气进行超净处理，可通过_____以及紫外灯照射进行灭菌处理。

15. 电热烘箱一般只能用于烘干_____、_____和在加热过程中不分解、无腐蚀性的样品。

简答题

1. 实验室对于饮食有着什么样的规定？

2. 实验室中使用有毒、有害化学品有哪些注意事项？

3. 分液漏斗的主要用途是什么？

4. 实验室中常见的干燥方法有哪些？

5. 简述化学实验室固体试剂的取用方法。

答案：

选择题

1～5　CDBAD　　6～10　BDCAD　　11～15　BBCCC　　16～20　DCDBD

填空题

1. 扇闻法

2. 1kW

3. 油类

4. 明火

5. 固体硼酸粉、10～15min

6. 水浴、油浴

7. "一贴二低三靠"

8. 1/2、1/3

9. 表面皿、玻璃容器

10. 冷却至室温

11. 通风橱

12. 铬酸洗液

13. 加热

14. 酒精消毒

15. 玻璃、金属容器

简答题

1. 严禁在实验室内饮食，使用化学药品或实验结束后必须先洗净双手方能进食；严禁将食物或饮食用具带进实验室，以防毒物污染；严禁在实验室内吃口香糖；严禁将食物储存在实验室冰箱或储物柜中；严禁将实验室内的任何器具器皿作为餐具使用；严禁使用实验室内的加热装置加热食物；严禁用嘴巴品尝味道的方法来鉴别未知物。

2. 装有毒物质的容器应具有醒目的标签，并在标签注明"有毒"或"剧毒"字样；凡有毒化学品应分类贮存，禁止与易燃易爆物品和腐蚀性化学品贮存于同一库房；化学实验室有毒药品的储存、发放和领取应严格登记，并指定专人负责；使用过有毒化学品的工具必须及时清洗干净，废水应进行分类处理；在使用具有腐蚀性、刺激性的有毒（或剧毒）物品时，如：强酸、强碱、浓氨水、三氧化二砷、氢化物、碘等，必须戴橡胶手套和防护眼镜；禁止将有毒物质擅自挪用或带出实验室。

3. 分液漏斗主要用于：1）固液或液体与液体反应发生装置：控制所加液体的量及反应速率的大小；2）物质分离提纯：对萃取后形成的互不相溶的两液体进行分液。使用过程应注意分液时，下层液体从下口放出，上层液体从上口倒出；分液漏斗不宜用于盛碱性液体。

4. 晾干：不急用的洗净的仪器可倒置在干燥的实验柜内或者仪器架上，倒置后不稳定的仪器应平放，让其自然干燥，以供下次实验使用。

吹干：用压缩空气或吹风机把仪器吹干。

烘干：洗净的仪器可以放在电热干燥箱或烘箱内烘干，但放进去之前应尽量把水倒净。放置仪器时，应注意使仪器的口朝下，倒置后不稳的仪器则应平放。可以在电热干燥箱的最下层放一个搪瓷盘，以接收从仪器上滴下的水珠，不使水滴到电炉丝上，以免损坏电炉丝。

烤干：烧杯和蒸发皿可以放在石棉网上用小火烤干。试管可直接用小火烤干，操作时应管口向下，以免水珠倒流入试管底部炸裂试管，并不时来回移动试管，待水珠消失后，将管口朝上加热，以便使水汽逸去。

用有机溶剂干燥：一些带有刻度的计量仪器，不能用加热方法干燥，否则，会影响仪器的精密度。当紧急使用时，可用少量易挥发的有机溶剂（如酒精或酒精与丙酮的混合液）加到洗净的仪器中，把仪器倾斜，转动仪器使器壁上的水与有机溶剂混合，然后倾出混合液用于回收，少量残留在仪器内的混合液会很快挥发使仪器干燥，若用电吹风往仪器中吹冷风，干得更快。

5. 粉末状药品一般用药匙或纸槽取用。为避免药品沾在管口和管壁上，操作时先使试管倾斜，把药匙或纸槽小心地送至试管底部，然后使试管直立使药品全部落到底部（一倾、二送、三直立）。

块状药品一般用镊子夹取。操作时先横放容器，用镊子把药品或金属颗粒放入容器口以后，再把容器慢慢竖立起来，使药品或金属颗粒缓缓地滑到容器的底部，以免打破容器（一横、二放、三慢竖）。

第**5**章

实验室安全防护及辐射防护

5.1 概 述

化学实验涉及的仪器设备颇多，药品试剂和玻璃仪器繁杂，在实验开始前，需要进行大量准备工作。由于实验教学仪器设备的不断更新，仪器的使用需要实验技术人员具有较高的技术水平和扎实的专业知识。操作实验人员既要精通实验方法及实验操作技能，也要对实验原理有所掌握，对于实验过程中出现的各种现象要会进行正确解释，遇到紧急情况要合理应对。

5.1.1 实验前基本准备

化学实验准备并非易事，"差之毫厘，失之千里"。可能有一点点的细节错误，就导致实验结果出现极大偏差，从而得不到想要的结果。所以化学实验准备工作应考虑到各方面，比如实验的环境、药品的剂量等，尽量做到万无一失。

做好实验也需要有计划，有条不紊地进行各项工作。要做好实验进程表，以防实验操作步骤出现失误等情况。

根据实验内容将每一个实验需要的仪器和药品试剂、影响实验的关键因素、改进方法等记录下来，以此来改进每一次实验操作步骤，从而提升实验的准确性和效率。

实验开始前检查调试实验所需仪器设备，如电炉、天平、磁力搅拌器、循环水泵等。试剂和仪器要提前购置的，购置量要比计划多准备一些，防止在实验过程中损坏而导致实验终止，影响实验的顺利进行。

5.1.2 实验室安全设备

化学实验室的安全设备的配置是保障实验楼安全、有序运行的基本保证。这些基本的安全设备主要包括预防事故的化学安全设备、处理事故的化学安全设备以及个人防护装备等。

5.1.2.1 预防事故的化学安全设备

（1）标签

标签是所有化学安全设备中最简单、最基础的，用于标示化学品所具有的危险性和安全注意事项，对于实验室管理至关重要。因此，实验室中使用的或存储在存储设施中的任何化学品必须贴上标签。如果标签剥落或褪色，应立即更换。

（2）安全数据表

安全数据表（SDS）是一份关于化学品组分信息、理化参数、燃爆性能、毒性、环境危害，以及安全使用方式、存储条件、泄漏应急处理、运输法规要求等方面信息的综合性文件，可提供重要的信息，包括与安全使用和储存每种化学品有关的潜在风险以及相关的危害。

（3）储存设施

预防性化学安全设备的重要组成部分是适当的储物柜或储存设施。某些化学品对安全存储有特定要求，无论短期或长期存储，都必须选用正确的存储设施。例如，化学品储存柜是所有实验室均需配备的，确保它们满足必要的通风、防火、上锁或其他要求，化学药品应如上所述标记存储，并标明用户名、存储日期和预计清除日期（如适用）。

化学品储存柜的正确设计对于安全至关重要。储存化学药品时，应考虑化学物质是否具有致癌性、致突变性或毒性，如有，应保持锁住状态并与其他化学物质分开存放。此外，还应考虑储存在一起的化学品的相容性，例如，勿将易燃化学品与氧化剂一起存放。长期和大宗化学品存储应存放在单独的建筑物中。应密切关注存放区域的温度、湿度和通风。

（4）通风橱和生物安全柜

生物安全柜（BSC）和通风橱在提取有害蒸气和防止空气中化学中毒方面很重要。

BSC 有 HEPA 过滤系统，具有捕集大量小颗粒的能力，这种过滤器使生物安全柜成为处理传染性微生物时的理想选择。

通风橱没有这种过滤器，因此不适用于处理任何传染性微生物。但是，它们非常适合处理危险化学品。尽管它们没有过滤系统，但确实能从工作空间中去除潜在的有毒蒸气。这些蒸气由强力抽气扇通过管道抽出并释放到外部大气中。通风橱可用于多种应用，包括有毒气体、气雾剂、会飞溅的化学物质、易挥发易燃材料以及有毒气体。对于某些应用，可能需要使用装有洗涤器的抽气系统来中和或吸收环境污染物，以防止其释放到大气中。

5.1.2.2 处理事故的化学安全设备

实验室或工作区域中需要某些设备，以用于发生事故时的快速处理。这些设备不仅可以处理事故，还可以最大限度地减少损坏并防止二次事故。

（1）紧急喷淋装备

许多有毒化学品可以通过皮肤吸收对人体造成伤害。大多数情况下，只要化学品与皮肤接触，就应该立刻用大量的水清洗（如果是浓硫酸碰到皮肤，应立即用布擦去后用水冲洗）。如果皮肤受损面积较小，可直接用水龙头或手持软管冲洗，当身体受损面较大时，需使用紧急喷淋装置。此外，紧急喷淋装置大部分都配有洗眼器，洗眼器可用于眼部、面部紧急冲洗。使用时，握住洗眼器手推阀拉起洗眼器，打开洗眼器防尘盖，用手轻推手推阀，清洁水会自动从洗眼喷头喷出来。用后须将手推阀复位并将防尘盖复位。紧急喷淋装置上还应该有明显的标识，以提示和指引使用者使用（见图5.1）。

紧急喷淋装置应该在使用或储存有大量潜在危险物质的场所以及实验室等地配置。对于化学实验室，应该保证每层楼都有相当数量的喷淋装置。紧急喷淋水流覆盖范围直径60厘米，水流速度应适当。水温在合适的范围内，以免伤害使用人。紧急喷淋必须安装在远离确定有危害的区域，避免使用人被化学品二次伤害。通往紧急喷淋装置的通道上不能有障碍、绊倒危害，紧急喷淋装置不能被锁在某房间内，电器设施和电路必须与紧急喷淋装置保持安全距离。紧急喷淋装置每年至少需要开启运行一次，对管线进行清理、检修和维护。紧急喷淋装置使用培训内容包括喷淋装置的位置、使用方法、冲洗时间、冲洗后寻求医疗帮助等。紧急喷淋装置产生的污水应排入废水收集池。

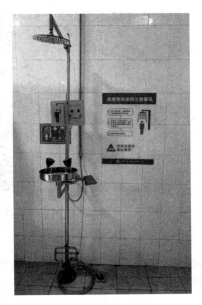

图5.1　紧急喷淋装置

（2）急救箱

急救箱具有轻便、易携带、配置全等优点，在紧急情况发生时能发挥重要的作用。急救箱必须充分存放下列物品：酒精棉、手套、口罩、消毒纱布、绷带、三角巾、安全扣针、胶布、创可贴、医用剪刀、钳子、手电筒、棉花棒、冰袋、碘酒、3%双氧水、饱和硼酸溶液、1%醋酸溶液、5%碳酸氢钾溶液、75%酒精、凡士林等。每周检查急救箱，应尽快补充用过的所有物品，注意药品在有效期内。

5.1.2.3　个人防护装备

个人防护装备是从业人员在工作中为防御物理、化学、生物等外界因素伤害所穿戴、配备和使用的各种防护用品的总称，也称为个人防护用品、劳动防护用品、劳动保护用品等。

实验室个人防护装备主要涉及劳动防护装备和卫生防护装备。按照所涉及的防护部位，实验室个人防护装备可分为头部防护装备、呼吸防护装备、面部防护装备、听力防护装备、手部防护装备、足部防护装备和躯体防护装备七大类。每一大类内又可以分成若干种类，分别具有不同的防护性能。在高校实验室中配备个人防护装备，主要是保护实验人员免受伤害，避免实验室相关的伤害或感染。实验室所用的个人防护装备应符合国家有关技术标准的要求；个人防护装备的选择、使用和维护应有明确的书面规定、程序和使用指导；使用前应仔细检查，不使用标志不清、破损或泄漏的个人防护装备。

（1）头部防护装备

在化学安全实验室中佩戴由无纺布制成的一次性简易防护帽，可以保护工作人员，避免化学物质飞溅至头部（头发）所造成的污染。因此，如有必要，要求工作人员在实验操作时佩戴防护帽。

（2）眼部防护

眼部防护用品种类很多，依据防护部位和性能，分为眼镜、眼罩和面罩三种。防护眼

图 5.2 常见的实验室护目镜及佩戴效果

镜（简称护目镜）是通过各种护目镜片（见图 5.2）。防止不同有害物质伤害眼睛的眼部防护具，如防冲击、辐射、化学药品等防护眼镜。防护眼镜按照外形结构分为普通型、带侧光板型、开放型和封闭型。面罩是防止有害物质伤害眼面部（包括颈部）的护具，分为手持式、头戴式、全面罩、半面罩等多种形式。化学实验过程中所有实验者都必须佩戴防护眼镜，以防飞溅的液体、颗粒物及碎屑等对眼部的冲击或刺激以及毒害性气体对眼睛的伤害。普通的视力矫正眼镜不能起到可靠的防护作用，实验过程中应在矫正眼镜外另戴防护眼镜。不要在化学实验过程中佩戴隐形眼镜。对于某些易溅、易爆等极易伤害眼部的高危险性实验操作，一般的防护眼镜防护能力不够，应采取佩戴面罩、在实验装置与操作者之间安装透明的防护板等更安全的防护措施。操作各种能量大、对眼睛有害的光线时，则需使用特殊眼罩来保护眼睛。

案例：某实验室研究人员在进行封管实验时，玻璃封管内有氨水、硫酸亚铁和反应原料，油浴温度加热到 160℃ 时，封管突然发生爆炸，整个反应装置被完全炸碎。当事人额头受伤，幸亏当时戴防护眼镜，双眼没有受到伤害。本次事故中，操作人员安全意识强，佩戴护目镜，避免了严重伤害发生。

（3）呼吸防护装备

呼吸防护装备是防御空气缺氧和空气污染物进入人体呼吸道，从而保护呼吸系统免受伤害的防护装备。正确选择和使用呼吸防护装备是防止发生实验室恶性事故的重要保障。根据其工作原理可分为过滤式和隔离式两大类。过滤式呼吸防护装备根据过滤吸收的原理，利用过滤材料滤除空气中的有毒、有害物质，将受污染的空气转变成清洁空气供人员呼吸，如防尘口罩、防毒口罩、过滤式防毒面具等。隔离式呼吸防护装备根据隔绝的原理，使人员呼吸器官、眼睛和面部与外界受污染物隔绝，依靠自身附带的气源或导气管引入洁净空气为气源供气，保障人员的正常呼吸，也称为隔绝式防毒面具、生氧式防毒面具等。

根据供气原理和供气方式，可将呼吸防护装备主要分为自吸式、自给式和动力送风式三种。自吸式呼吸防护用品是指靠佩戴者自主呼吸克服部件阻力的呼吸防护用品，如普通的防尘口罩、防毒口罩和过滤式防毒面具。其特点是结构简单、质量轻、不需要动力消耗；缺点是由于吸气时防护用品与呼吸器官之间的空间形成负压，气密和安全性相对较差。自给式呼吸防护用品是指以压缩气体钢瓶为气源供气，保障人员正常呼吸的呼吸防护用品，如贮气式防毒面具、贮氧式防毒面具。其特点是以压缩气体钢瓶为气源，使用时不受外界环境中毒物种类、浓度的限制；但质量较重，结构复杂，使用、维护不便，费用也较高。动力送风式呼吸防护用品是指依靠动力克服部件阻力、提供气源，保障人员正常呼吸的呼吸防护用品，如军用过滤送风面具、送风式长管呼吸器等。其特点是以动力克服吸气阻力，人员在使用中的体力负荷小，适合作业强度较大、环境气压较低（如高原）及情况危急、人员心理紧张等环境和场合使用。

按照防护部位及气源与呼吸器官连接的方式主要分为口罩式、面具式和口具式三类。口罩式呼吸防护用品主要是指通过保护呼吸器官口、鼻来避免有毒、有害物质吸入对人体造成伤害的呼吸防护用品，包括平面式、半立体式和立体式多种，如普通医用口罩、防尘口罩、防毒口罩。面具式呼吸防护用品在保护呼吸器官的同时，也保护眼睛和面部，如各种过滤式和隔绝式防毒面具。口具式呼吸防护用品通常也称口部呼吸器，与前两者不同之处在于，佩戴这类呼吸防护用品时，鼻子要用鼻夹夹住，必须用口呼吸，外界受污染空气经过滤后直接进入口部。其特点是结构简单、体积小、质量轻、佩戴气密性好，但使用时无法发声、通话。可用于矿山自救、紧急逃生等情况和场合。

实验过程中，有些化学反应会产生有毒有害蒸气或气体，从而对工作人员的呼吸道造成伤害，这样就需要佩戴个人呼吸防护用品，比较常见的有 3M 防毒面具或防毒口罩。具体需要按现场有毒气体的危害程度来选择，如果毒性较大，建议选择防毒面具。

（4）手部防护装备

手部的防护装备主要是手套，如图 5.3 所示。实验室工作人员在工作时可能受到各种有害因素的影响，如实验操作过程中可能接触有毒有害物质、各种化学试剂、传染源、被上述物质污染的实验物品或仪器设备、高温或超低温物品等。手部防护装备可以在实验人员和危险物之间形成初级保护屏障，是保护手部位和前臂免受伤害的防护装备，主要是各种防护手套和袖套等。在实验室工作时，必须根据实际情况选择和使用合适的手套。如果手套被污染，应尽早脱下妥善处理后丢弃。防护手套种类很多，以下介绍化学实验室常用的几种类型。

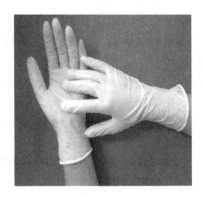

图 5.3　实验室常用手套

① 防热手套。此类手套用于高温环境下以防手部烫伤。如从烘箱、马弗炉中取出灼热的药品时，或从电炉上取下热的溶液时，最好佩戴隔热效果良好的防热手套。其材质一般有厚皮革、特殊合成涂层、绒布等。

② 低温防护手套。此类手套用于低温环境下以防手部冻伤。如接触液氮、干冰等制冷剂或冷冻药品时，需佩戴低温防护手套。

③ 化学防护手套。当实验者处理危险化学品或手部可能接触到危险化学品时，应佩戴化学防护手套。化学防护手套种类较多，实验者必须根据所需处理化学品的危险特性选择最适合的防护手套。如果选择错误，则起不到防护作用。化学防护手套常见的材质有天然橡胶、丁腈橡胶、氯丁橡胶、聚氯乙烯（PVC）、聚乙烯醇（PVA）等，其中聚氯乙烯手套一般用于处理腐蚀性固体药品和稀酸的操作。橡胶手套适于较长时间接触化学药品的情况。

实验室工作人员需要接受手套选择、使用前和使用后的佩戴及摘除等方面的培训。手套的规范使用应注意以下几个要点。

① 手套的检查。在使用手套前应仔细检查手套是否褪色、破损（穿孔）或有裂缝。

② 手套的使用。在不同实验室佩戴的手套种类和厚度都不一样。生物实验室根据实验室生物安全不同的级别需佩戴一副或者两副手套，如果外层手套被污染，应立即将外层手套脱下丢弃并按照规范处理，换戴上新手套继续实验。其他实验室在使用中如果手套被撕破、损坏或被污染应立即更换并按规范处置。一次性手套不得重复使用。不得戴着手套离开实验室。

③ 避免手套"交叉污染"，戴着手套的手避免触摸鼻子、面部、门把手、橱门、开关、电话、键盘、鼠标、仪器和眼镜等其他物品。手套破损更换新手套时应先对手部进行清洗、去污染后再戴上新的手套。

④ 戴手套和脱手套注意要点。在戴手套前，应选择合适的类型和尺寸的手套；在实验室工作中要根据实验室工作内容，尽可能保持戴手套状态。脱手套过程中，用一只手捏起另一近手腕部的手套外缘，将手套从手上脱下并将手套外表面翻转入内；用戴着手套的手拿住该手套；用脱去手套的手指插入另一手套腕部处内面；脱下该手套使其内面向外并形成一个由两个手套组成的袋状；丢弃的手套根据实验内容采取合适的方式规范处置。

（5）足部防护装备

足部防护装备是保护穿用者的小腿及脚部免受物理、化学和生物等外界因素伤害的防护装备，主要是各种防护鞋、靴。实验室工作用鞋应舒适防滑，推荐使用皮制或合成材料制的不渗液体的鞋。禁止在实验室穿凉鞋、拖鞋、高跟鞋、露趾鞋等。在实验室中存在物理、化学和生物危险因子的情况下，应穿上适当的鞋和鞋套或靴套。鞋套和靴套使用完后不得到处走动带来交叉污染，应及时脱掉并规范处置。

（6）躯体防护装备

躯体防护装备是保护穿用者躯干部位免受物理、化学和生物等有害因素伤害的防护装备，主要指防护服，如实验服、隔离衣以及围裙等。所有人员进入实验室都必须穿实验服。穿实验服是为了防止身体的皮肤和衣着接触到化学药品。

① 实验服　在进行一般性实验操作（如维护保养实验室的仪器设备、处理常规化学品、配制试剂、洗涤、触摸或在污染/潜在污染的环境工作）时可穿着普通实验服，注意将所有纽扣都扣上，实验室工作服一般不耐化学药品的腐蚀，所以其受到严重腐蚀后，工作服需要进行更换。实验服应当定期清洗，保持清洁。严禁穿实验服去其他公共场所如食堂、宿舍等。

② 隔离衣　隔离衣为长袖背开式，穿着时应该保证颈部和腕部扎紧。当接触大量血液或其他潜在感染性材料时，应当穿着隔离衣，并注意定期更换。

③ 围裙　当处理具有潜在危险的材料，或者需要处理大量腐蚀性液体极有可能溅到实验人员的身上时，应当在实验服或者隔离衣外面再穿上围裙加以保护。

进行一些对身体伤害较大的危险性实验操作时，必须穿着专门的防护服。例如，进行X射线相关操作时宜穿着铅质的X射线防护服。

在实验室中的工作人员应该一直或者持续穿着防护服。清洁的防护服应该放置在专用存放处，污染的防护服应该放置在有标志的防泄漏的容器中，每隔一定的时间应更换防护服，以确保清洁，当知道防护服已被危险物质污染后应立即更换。离开实验室区域之前应该脱去防护服。防护服最好能完全扣住。防护服的清洗和消毒必须与其他衣物完全分开，避免其他衣物受到污染。

5.2 实验室基本防毒小知识

开始实验前，应了解所用化学品毒性及做好必要的防护措施。大多数化学药品都有不同程度的毒性。有毒化学药品可通过呼吸道、消化道和皮肤进入人体而发生中毒现象。比如：HF 侵入人体，将会损伤牙齿、骨骼、造血和神经系统；烃、醇、醚等有机物对人体有不同程度的麻醉作用；三氧化二砷、氰化物、氯化高汞等是剧毒品，吸入少量会致死。实验中操作有毒气体（如 HF 等）必须在通风橱内进行。

必要时佩戴防毒面具，不同类型的有毒化学品选配面罩的滤毒盒也不同。

禁止在实验室内喝水、吃东西。饮食用具不要带进实验室，以防毒物污染，离开实验室要洗净双手，防止带出实验毒物造成环境污染。

下面介绍部分药品的毒性及其解毒方法：

（1）氰化钠（NaCN）

白色圆球形硬块，粒状或结晶性粉末（图 5.4），剧毒。在湿空气中潮解并放出微量的氰化氢气。易溶于水，微溶于醇，水溶液呈强碱性，并很快分解。相对密度 1.855，沸点 1495℃，熔点 563℃。接触皮肤的伤口或吸入微量粉末即可中毒死亡。与酸接触分解能放出剧毒的氰化氢气体，与氯酸盐或亚硝酸钠混合能发生爆炸。

图5.4　氰化钠药品

储存要求：宜储存于干燥、通风的库房内，与易爆品、氧化剂、酸类应隔离存放。宜设专库、专柜或专用货架，并应加锁管理。

用途：络合剂、分析铅锌等。

（2）氰化钾（KCN）

白色潮解性颗粒状、球状或粉末，具有氢化氰臭，剧毒。接触人体皮肤伤口或吸入微量的粉末能迅速中毒。在空气中遇二氧化碳及水则分解，易溶于水及甘油，溶于甲醇，水溶液呈强碱性，遇酸迅速分解，同时放出极毒的氰化氢气体。相对密度 1.52，熔点 634℃，与氯酸盐或亚硝酸钠混合能发生爆炸。

储存要求：宜储存于干燥、通风的库房内，与易爆品、氧化剂、酸类隔离存放。设置专库、专柜或专用货架，并应加锁管理。

用途：络合物形成剂，有机合成。

（3）氰化亚铜（CuCN）

白色、微绿色或青色粉末。不溶于水和冷稀酸，溶于热盐酸和氨水中，在硝酸中分解，放出剧毒的氰化氢气体，剧毒。相对密度2.9，熔点454℃。

储存要求：宜储存于阴凉、干燥、通风的库房内，与酸类、气化剂隔离存放，宜设专库、专柜或专用货架，并应加锁管理。在适当通风的前提下，应密闭储存。

急救小知识：发现头昏不舒服时，立即转移至新鲜空气处，并服1%硫代硫酸钠水溶液急救。立即打开亚硝酸异戊酯一至数支，滴在手帕或海绵上，每分钟令患者吸入15～30s，直至开始注射亚硝酸钠时为止。

静脉注射亚硝酸钠，每分钟不超过2.5～5mL，注射时注意血压。随即用同一针头，硫代硫酸钠12.5～25g（配成25%的溶液）缓慢静脉注射（不少于10min）。

若中毒征象重新出现，可按半量再给亚硝酸钠和硫代硫酸钠。

如属口服中毒，在注射完上述两药后，应即用氧化剂溶液，如5%硫代硫酸钠、0.2%高锰酸钾或3%过氧化氢洗胃。

局部的急救处理：以大量水冲洗后，用硼酸水湿敷，或用高锰酸钾水溶液冲洗，再以硫化铵溶液洗涤，并送医院。

（4）氯化汞（HgCl₂）

无色或白色结晶及颗粒状粉末，剧毒。溶于水、醇、醚和丙酮。水溶液呈酸性，相对密度5.4，沸点302℃，熔点256℃，300℃时升华，常温时微量蒸发，遇光渐分解生成氯化亚汞。

储存要求：储存于阴凉、避光、通光的库房内，宜设专库、专柜或专用货架，并应加锁，严加管理。防止日光照射，隔绝火、热、电源。

用途：测定砷、铁、碘、钨、金、铂、硅等，医药测尿胆素等。

急救小知识：误服中毒者迅速用鸡蛋清、牛奶或豆浆等灌胃，随即送医院。尽快用溶于2%～3%碳酸氢钠溶液中的4%甲醛和次硫酸氢钠溶液洗胃，完毕将大约200mL的溶液留置胃中，以便使氯化汞还原为金属汞。洗胃后若无腹泻或仅有轻微腹泻时，可用50%硫酸镁溶液40mL经胃管注入胃内；若已有腹泻，即不用泻药，以免导泻反使脱水、休克加重。应尽早使用解毒剂，如二巯基丙醇注射液或二巯基丙磺酸钠、二巯基丁二酸钠等注射液。

（5）叠氮钠（NaN₃）

无色或白色六角形结晶，有毒。能溶于水及氨水，微溶于醇，不溶于醚。相对密度1.864，熔点65℃，加热至300℃时分解，性质不稳定，遇热或受撞击，剧烈震动，都能引起爆炸，同时生成有毒的氧化氮气体。接触潮湿空气，易吸湿潮解。

储存要求：储运中，除注意轻拿轻放，防止撞击、震动外，还应防毒、防潮。宜单独储存，但如每盒净重不超过100g，每箱不超过0.5kg，包装又好时，也可与剧毒品同库分区储存。

用途：配制叠氮钠血液培养剂，抑制变形杆菌生长。

急救小知识：如皮肤沾及，用清水或肥皂水大量冲洗。中毒后立即就医，可注射亚甲蓝或硫代硫酸钠注射液。

（6）红磷（P_4）

棕红色或紫色粉末，无臭，易燃烧，烟雾有毒，与氧化剂接触能燃烧爆炸。不溶于有机溶剂，而溶于三溴化磷，200℃以上能自燃，416℃升华，受日光暴晒易发生燃烧爆炸。相对密度2.34，熔点590℃，在潮湿空气中易吸潮结块，受热或长期放置潮湿处易发生爆炸。

储存要求：储存中应注意防热、防潮、防止日光直射。与氧化剂、易燃品、易爆品隔离存放。装卸操作应轻拿轻放，不可撞击、摔碰、拖拉、摩擦。开启包装不宜使用铁工具和易发生火花的工具，可用铜制或包铜的工具。

用途：有机合成，制磷化合物。

急救小知识：皮肤灼伤，可涂石灰水或用5％硫酸铜溶液洗净，再用1：1000高锰酸钾湿敷，并涂保护剂，不可涂油，用绷带包扎。误服中毒可服大量盐水催吐，或用0.1％硫酸铜溶液洗胃后，再用1：2000高锰酸钾溶液洗胃；静脉输入5％葡萄糖盐水1000～2000mL。重者送医院，无论急性或慢性中毒，应严格忌脂肪类饮食。

（7）氯化钡（$BaCl_2$）

无色或白色有光泽的单斜结晶（图5.5），味苦，有毒。溶于水、甘油、甲醇，微溶于盐酸、硝酸，不溶于醇和醚。相对密度3.095，熔点860℃。

储存要求：宜储存于阴凉、干燥、通风的库房内，加锁管理。

用途：测定硫酸根用试剂。

急救小知识：如沾染皮肤，用水冲洗，即使服毒超过4～6h也仍有洗胃的必要。洗胃后即服硫酸钠或硫酸镁20～30g。同时，可用2％～10％硫酸钠，每日10～20g静脉点滴。连用2～3天，严重者速送医院。

（8）乙腈（CH_3CN）

无色有芳香味的液体（图5.6），有毒。可溶于水及醇。相对密度0.583，闪点5℃，沸点82℃，熔点约－42℃。

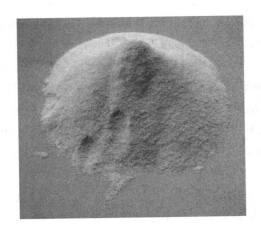

图5.5　氯化钡药品

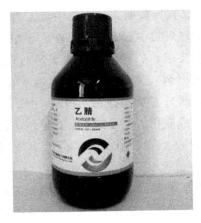

图5.6　乙腈药品

储存要求：包装严密，宜储存于干燥、阴凉、通风的库房内，防止日光照射。

用途：有机合成，测定羧基时用作稀释剂。

（9）偏钒酸铵

白色至黄色结晶性粉末（图 5.7）。易溶于热水和稀氨水中，能溶于 165 份水中。难溶于冷水。不溶于乙醇、乙醚、氯化铵饱和溶液。可作氧化剂。加热则在 210℃分解，生成五氧化二钒。用作催化剂、染料、快干漆、分析试剂等。剧毒，粉尘能刺激眼睛、鼻、喉和肺，并伴有咳嗽、喘鸣和咳痰症状；严重者可导致肺水肿或肺炎。误服能产生呕吐、流涎不止与腹泻。大鼠经口 LD_{50} 为 160mg/kg。

储存要求：贮存于阴凉、干燥、通风的库房。远离火种、热源。应与可燃物、还原剂和食用化工原料隔离贮运。作业时轻装轻卸，防止包装及容器损坏。做好个人安全防护。泄漏处理时，戴好防毒面具与橡胶手套；用湿沙土混合，倒至指定的空旷地方掩埋。

图 5.7　偏钒酸铵药品

（10）硝酸汞［$Hg(NO_3)_2$］

无色或微黄色结晶性粉末，有硝酸气味，有潮解性，能溶于少量水及稀酸，遇大量水或沸水，则生成碱式盐沉淀。不溶于乙醇。用于有机合成，测定血清氯化物、硝化剂、杀虫剂，制造雷汞。

危险特性：受热分解出有毒的汞蒸气，是一种温和的氧化剂，与有机物、还原剂、易燃物硫、磷等混合易着火燃烧，摩擦、撞击有引起燃烧爆炸的危险。大鼠经口 LD_{50} 为 26mg/kg。误服或吸入粉尘会中毒。主要中毒途径是吸入和皮肤接触。接触将刺激、灼伤眼睛，中毒后将引起多涎、兴奋、牙龈炎、性情变异，损害脑、肺、肾等。

储存要求：贮存于阴凉、干燥的仓库内。防止吸潮变质。远离火种及热源。应与有机物、还原剂、硫、磷等隔离贮运。轻装轻卸，防止容器破损，并做好个人安全防护。泄漏处理时，对少量泄漏可用水冲洗，经稀释的污水放入废水系统；对大量泄漏须进行回收，残渣用 10～20 倍沙土混合，倒至指定的地点掩埋。火灾时，消防人员须穿戴全身防护服，用干粉灭火器、二氧化碳灭火器、雾状水灭火器、泡沫灭火器、沙土灭火。

急救小知识：应使吸入蒸气的患者脱离污染区至空气新鲜处，安置休息并保暖，必要时进行人工呼吸，就医。眼睛受刺激用大量流动清水或生理盐水冲洗，严重者就医诊治。皮肤接触先用水冲洗，再用肥皂彻底洗涤。误服者立即漱口，给饮牛奶或蛋清。用清水或 2％碳酸氢钠溶液反复洗胃，送医院救治。

5.3　实验室安全防护

5.3.1　实验室防爆

在实验室使用可燃性气体时，一定要保证室内通风良好，且气体不会向外逸出。若可燃气体不慎泄漏于空气中时，只要两者比例达到爆炸极限，且受到外界激发，就可能导致实验室爆炸。故操作可燃气体时，严禁明火，预防静电，不要在电线裸露的情况下使用。在进行可能发生爆炸的实验中，必须有防爆应急措施，保护自身安全。

有些固体药品处理不当也会造成爆炸，如乙炔银、乙炔铜、高氯酸盐、过氧化物等受震和受热都易引起爆炸。

在实验室内，严禁将强氧化剂和强还原剂放在一起。例如在2021年，某高校就因将强氧化剂和强还原剂放在一起，发生爆炸，伤亡惨重。

5.3.2　实验室防火

在实验室中存储的有机溶剂如乙醚、丙酮、乙醇、苯等非常容易燃烧，使用时不可有明火、裸露的电线或静电等产生。在实验结束后，对于这些有机溶剂要及时回收处理，不可随意处理如直接倒入废水池，以免引发下水道火灾等危险事故。

有些物质在空气中易自燃，如白磷、金属钠、钾等。还有金属粉末如铁、锌等，由于是粉末状态，其表面积会大大增加，从而易燃。这些物质要隔绝空气保存，小心使用。实验室着火时，应根据着火情况选择灭火方式。常用的灭火器有：二氧化碳灭火器、四氯化碳灭火器、泡沫灭火器和干粉灭火器等。选择合适的灭火器，有助于提高灭火效率。下面说明各种火情应选择的灭火方式：

电路板或用电系统，应当使用二氧化碳灭火器，不可使用水直接灭火。

密度比水小的易燃液体，如汽油、苯、丙酮等着火，应当使用泡沫灭火器。

金属或熔融物着火时，如铝热反应中，应用干沙或干粉灭火器进行灭火。

某高校实验室烧毁后景象如图5.8所示。

图5.8　某高校实验室烧毁后景象

5.4 辐射源类型及防护

5.4.1 放射源类型

（1）开放放射源

开放放射源被称为非密封放射性物质，属于一种非永久性密封在包壳或者紧密地固结在覆盖层里的放射性物质。在教学科研中使用的开放放射源一般都是液态的，开放放射源一般在同位素示踪实验中使用比较多。在使用开放放射源时，应小心谨慎，安全使用事项如下：

在实验室中，开放放射源实验场所应与普通实验场所严格划分开来，在规定的区域内开展辐射实验，防止其他实验人员受到辐射危害。

在操作开放放射源前，应根据所操作的放射性物质的量和特性，挑选实验环境。

在使用开放放射源时应佩戴乳胶手套，并考虑到必要的防护措施，如戴防护眼镜、穿屏蔽辐射的衣服等。

（2）密封放射源

密封放射源是指除研究堆和动力堆核燃料循环范畴的材料以外，永久严密密封的放射性材料。密封放射源一般划分为5类，即Ⅰ、Ⅱ、Ⅲ、Ⅳ、Ⅴ。在这五类中，危险系数从Ⅰ类到Ⅴ类逐渐减小，即Ⅴ类危险性最小。

在实验室内，一般使用的是危险性较小的Ⅳ类或Ⅴ类放射源，主要目的是防止实验人员受到伤害。在使用放射源前，要做好领取、使用、归还等必要工作，做到任何操作都双人在场，避免放射源无故丢失。对于此类密封放射源也应建立相对应的安全使用办法，并严格执行。

使用放射源前，要进行放射源使用登记。登记内容中必须注明使用日期和目的等必要事项。在使用完毕后，立马归还，同样要注明交还日期等事项。

拿取放射源不能直接用手，必须要使用一定的工具，如镊子或钳子等。在操作强放射源时必须有一定的屏蔽措施，如铅围裙、屏蔽眼镜、放射服等。

放射源使用操作时间要合理规划，避免不必要的辐射。

5.4.2 放射性设备的使用

实验室中的部分实验仪器（图5.9）具备放射性，按照射线装置对人体健康和环境造成的危害，一般从高到低将射线装置的危险程度分为三类，分别是Ⅰ类、Ⅱ类和Ⅲ类，危险级别依次从高到低。其中，Ⅰ类为高危险射线装置，Ⅱ类为中危险射线装置，Ⅲ类为低危险射线装置。

实验室中，一般使用的是低危险射线装置，如X射线衍射仪、X射线光谱仪、X射线辐照仪、X射线荧光仪、X射线检测装置、X射线能谱仪以及各种类型的粒子加速器（包括电子、质子、重离子）等。这些仪器均应纳入许可证范畴，并按照国家相关法律法规严格实施管理操作。实验室中仪器操作人员应定期进行辐射安全培训、体内辐射

图 5.9　放射性设备

剂量监测及体检。

5.5　放射性物质的处理

5.5.1　放射性废物的处理

放射性废弃物是指使用完毕后仍具有放射性辐射或具有放射性的溶液等物质。需要通过仪器检测，才能检验出是否被放射性物质污染。已经被污染的物质的特点如下：

被污染的物质的放射性与此物质任何时候的化学状态均无关。

放射性污染物质都能放射出具有一定能量的一种或几种射线。

放射性污染物质中的放射源都有一定的半衰期，不因外界因素的改变而改变，且不同的放射源，其半衰期也并不相同。

外界任何化学、物理、生物的处理都无法改变放射性污染物的放射性质。

放射性废弃物进入环境后，可以随介质扩散并在自然界中稀释或迁移。

一般在实验室过程中产生的放射性废弃物放射性水平较低。但是就算是低水平放射也不可不管不顾、掉以轻心。发现了放射性污染物质，必须马上处理，以免污染扩散，危害实验室及实验人员的安全。

清除放射性污染物的方法有两种：化学方法和物理方法。下面介绍实验室中处理放射性污染物的几种办法。

① 在实验过程中产生的放射性污染物质应集中放置在密封桶或者密封铅罐，并在桶外标明此为放射性物质，并对这些污染物质采用储存一定时间使其衰变和焚烧后掩埋处理。

② 半衰期较长的放射性废弃物，可用蒸发、离子交换、混凝剂共沉淀等方法浓缩起来，并装入密封容器当中，集中埋于放射性废物指定地点内。

③ 半衰期短的放射性物质的废弃物，用专门的容器密闭后，放置于专门的储存室，

放置十个半衰期后排放或者焚烧处理。

④ 用短半衰期物质的非密封性源实验室，应设置放射性废液衰减池。如果无法设置衰减池，则需要设置两个以上的衰变罐。含短半衰期核素的放射性废物，应单独回收和存放，等待解控处理。

⑤ 含长半衰期放射性核素的废液，必须进行固化整备，之后送至城市放射性废物库储存。含长半衰期核素的放射性固体废物（含沾染物等），应进行整备之后，返回原生产厂家进行处理。对于Ⅳ、Ⅴ类放射性较弱的废旧放射源，可在进行密封包装后送到城市放射性废物库进行存储处理。放射源运输容器如图5.10所示。

图5.10　放射源运输容器

5.5.2　放射性溶液遗洒的处理

在实验室中发生放射性溶液遗洒等意外事件，不要慌张，要冷静并立即通知实验室管理人员。对于含短半衰期放射性物质溶液的遗洒，需要由实验室相关管理人员进行专业的放射性去污工作。在放射性去污工作完毕后，应完成事故和处理报告。对于含长半衰期放射性核素溶液的遗洒（图5.11），应由实验室管理人员报告至本单位相关部门和上级相关

图5.11　放射性溶液遗洒处理

部门，并请专业的去污人员进行放射性去污工作，并在放射性去污工作完毕后，完成事故和处理报告。

含短半衰期核素的放射性溶液遗洒的实验台面、地面应尽快用吸水纸吸掉遗洒的溶液。清理时需要做好辐射防护，佩戴辐射防护用具。并用10%的柠檬酸钠溶液清洗擦拭实验台面、地面，然后使用酒精擦拭实验台面、地面。由专业人员收集产生的沾染物，并存放到放射性废物库。用铅砖屏蔽污染区域，张贴警示标识，直至安全解控。含长半衰期核素的放射性溶液遗洒的实验台面、地面，应请专业的人员进行清理和去污工作。

放射性实验过程中一定要严格按照法律要求进行，放射性物质在实验过程中绝对不能随意丢弃。

练　习

选择题

1. 在人工辐射源中，对人类照射剂量贡献最大的是（　　）。

A. 核电厂　　　　B. 医疗照射　　　　C. 氡子体

2. 在核电厂放射性热点设备上布置铅皮，目的是为了屏蔽（　　）。

A. α射线　　　　B. β射线　　　　C. γ射线

3. 在内照射情况下，α、β、γ放射性物质的危害程度依次为：（　　）。

A. α＞β＞γ　　　B. γ＞β＞α　　　C. γ＞α＞β

4. 原子核的稳定性由（　　）决定的。

A. 中子数　　　B. 质子数和中子数之间的比例

C. 质子数　　　D. 电子数

5. 工作人员控制区，个人剂量计应佩戴在工作人员的（　　）部位。

A. 右胸　　　　B. 左胸　　　　C. 头部

6. 控制区内产生的湿废物应作为（　　）进行收集和处理的收集袋。

A. 可压缩　　　B. 不可压缩　　　C. 待去污物品

7. 一个光子与物质原子中一个核外电子作用时，可能将全部能量交给电子，获得能量的电子脱离原子核的束缚而成为自由电子（光电子），这一过程叫作（　　）。

A. 康普顿效应　　B. 电子对效应　　C. 光电效应　　　　D. 吸收

8. 放射性活度的专用单位为（　　）。

A. 贝可勒尔（Bq）　　　　　　B. 居里（Ci）

C. 当量剂量（Sev）　　　　　　D. 半衰期（T/z）

9. 《X射线计算机断层摄影放射要求》（GBZ 165—2012）规定CT机房的墙壁应有足够的防护厚度，距离机房外表面0.3m处的空气比释动能率应不大于（　　）μSv/h。

A. 0.5　　　　B. 2.5　　　　C. 3　　　　　　D. 1.5

10. 《放射工作人员职业健康管理办法》规定：放射工作单位应当定期组织本单位放射工作人员接受放射防护和有关法律知识培训，放射工作人员两次培训的时间间隔不应该大于（　　）年，每次培训时间不少于（　　）天。

A. 1，2   B. 2，4   C. 2，3   D. 2，2

11.《中华人民共和国放射性污染防治法》第三十条规定，"（ ）放射工作场所的放射防护设施，应当与主体工程同时设计、同时施工、同时投入使用。"

A. 新建、改建、扩建   B. 改建、扩建

C. 施工新建   D. 规划建设

12. ^{137}Cs 射线与物质的主要相互作用是（ ）。

A. 光电效应   B. 电子对效应   C. 康普顿效应   D. 光核反应

13. II 类放射源丢失、被盗或失控；放射性同位素和射线装置失控导致 2 人以下（含 2 人）急性死亡或者 10 人以上（含 10 人）急性重度放射病、局部器官残疾。请问此事故属于（ ）辐射事故。

A. 特别重大   B. 重大

C. 较大   D. 一般

14. 表示职业照射和公众照射限值的辐射量是（ ）。

A. 吸收剂量   B. 有效剂量   C. 当量剂量   D. 剂量当量

15. 不适合用于瞬发辐射场的探测器是（ ）。

A. 电离室   B. 闪烁体探测器   C. 热释光探测器   D. 计数器型探测器

16. 产生电子对效应的入射光子能量应该是（ ）。

A. >10.2MeV   B. <1.02MeV   C. >0.51MeV   D. <0.51MeV

17. 穿透能力从强到弱依次排序正确的是（ ）。

A. 中子、γ 射线、α 粒子、β 粒子

B. γ 射线、中子、β 粒子、α 粒子

C. 中子、γ 射线、β 粒子、α 粒子

D. γ 射线、β 粒子、α 粒子、中子

18. 当量剂量单位的专用名称为（ ）。

A. kev   B. Gy   C. Bq   D. Sv

19. 电子对效应是描述（ ）。

A. X 射线与原子的内层电子的相互作用

B. X 射线与原子的外层电子的相互作用

C. X 射线与原子的内层电子和外层电子的相互作用

D. X 射线与原子的原子核的相互作用

填空题

1. 外照射防护一般有_____、_____、_____和源强防护四种方法。

2. 根据国标 GB 8703—88《辐射防护规定》，我国将从事辐射工作单位的场所划分为_____、_____、_____三个区域。

3. 放射性活度是指放射性物质原子在单位时间内发生的_____。

4. 放射性核素经过 2 个半衰期后，其量将减少至原来数目的_____分之一。

5. 工作场所中的放射性物质可通过_____、_____和_____三种途径进入体内形成内照射。

6. 辐射防护把＿＿＿＿＿＿＿＿＿＿的发生率限制到被认为是可以接受的水平。

7. 工作场所辐射监测包括＿＿＿＿＿＿＿、＿＿＿＿＿＿＿、＿＿＿＿＿＿＿。

8. 表面污染的监测方法一般有两种，分别为＿＿＿＿＿＿＿、＿＿＿＿＿＿＿。

简答题

1. 放射性溶液遗洒应该如何处理？

2. 放射性物质有哪些？

3. 太阳光是不是电离辐射，为什么？

4. 辐射污染的试验台应该如何处理？

5. 什么是开放放射源，什么是密封放射源？

答案：

选择题

1～5　BBABB　　6～10　BCABC　　11～15　ACBCD　　15～19　ACDD

填空题

1. 时间防护、距离防护、屏蔽防护

2. 非限制区、监督区、控制区

3. 核衰变的数目

4. 4

5. 食入、吸入、伤口进入

6. 随机性

7. 外照射、表面污染、空气污染

8. 直接测量法、间接测量法

简答题

1. 液体，以吸水纸吸干；粉末，以湿抹布清除。以清水湿抹布仔细清洗，由外而内，呈螺旋形，防止污染扩散。

2. 放射性物质是指那些能自然地向外辐射能量，发出射线的物质。一般都是原子量很高的金属，像钋、铀等。放射性物质放出的射线主要有 α 射线、β 射线、γ 射线、正电子、质子、中子、中微子等其他粒子等。

3. 太阳光并不属于电离辐射，人也就不可能感受到了。

4. 略。

5. 略。

第6章

实验室危险废弃物处理

6.1 实验室危险废弃物分类及危害

实验活动创造了累累研究硕果，同时也在持续产生废弃物，如废气、废液、废固和实验动物废弃物等。这些实验室废弃物，或含有毒有害成分，或和普通垃圾一样，正悄悄影响着我们的生活。如果处置不当，可能造成环境污染，甚至人员伤害。通常根据废弃物属性，将其分为危险废物、放射性废物和一般废物。

6.1.1 实验室废弃物分类

6.1.1.1 危险废物

如图 6.1 所示，危险废物是指列入《国家危险废物名录》或根据国家规定的危险废物鉴别标准和方法认定的具有危险特性的固体废物。根据最新《国家危险废物名录》（2021年版）第二条规定，具有下列情形之一的固体废物和液态废物为危险废物：①具有毒性、腐蚀性、易燃性、反应性或者感染性等一种或者几种危险特性的；②不排除具有危险特性，可能对环境或者人体健康造成有害影响，需要按照危险废物进行管理的。图 6.2 所示为化学实验室危险废物。

（1）沾染危化品或致病生物因子的固废

这类固废主要分为两类，一类是学生在实验中使用后的废弃手套，沾染化学品的塑料、锐器、碎玻璃等；另一类是废包装物，包括废铁桶、玻璃瓶、塑料桶、包装材料等。这些废弃物容易沾染到皮肤和进入呼吸道中，不但会危害人体健康，引发各类疾病，而且还会引发火灾、爆炸等危险事故。

（2）废酸、废碱、有机溶剂

这类危废主要为含卤、含重金属的废酸、废碱、有机溶剂等，主要来自化学实验中清洗仪器和清扫实验室使用的大量洗涤用水，实验样品的滤液，剩余残液，无效的试剂等。一些有机溶剂如二甲苯、氯仿等能破坏人体免疫系统，造成人体机能失调；而有一些化学试剂具有很强的腐蚀性，如浓酸、浓碱等。如不加任何处理就直接排入下

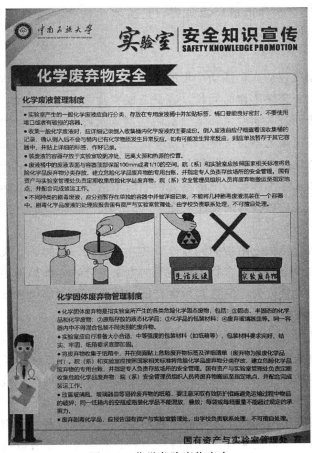

图 6.1　化学危险废物安全

图 6.2　化学实验室危险废物

水道，日积月累必然对水体造成严重危害，危害水生动物和沿途流域居民生活及人们的生命健康。

（3）废气

实验室产生的废气包括人员活动产生的废气和实验过程产生的废气。其中前者源于实验人数众多，仪器设备连续工作时间长，容易造成实验室内空气混浊，还有室外大气污染物借通风换气和渗透而进入实验室，实验室内实验人员呼吸过程排出的气体，人体皮肤、器官及不洁净物散发出来的不良气味，由室外带入及室内活动产生的灰尘等。实验过程产生的废气包括燃料燃烧废气、试剂和样品的挥发物、分析过程的中间产物、泄漏和排空的标准气和载气等。如果不加强实验室的空气污染防治措施，不仅会影响实验人员的身体健康，同时还会影响实验仪器设备的使用寿命。

（4）废电路板

这类废弃物包括电路板上附带的元器件、芯片、插件、贴脚等。废旧印刷线路板是玻璃纤维强化树脂和多种金属的混合物，属典型的电子废弃物，如果不妥善处理与处置，不但会造成有用资源的大量流失，而且其所含有镉和溴化阻燃剂等大量致畸、致突变、致癌物质，会对环境和人类健康产生严重的危害。

（5）废弃化学品

主要为被列入《危险化学品目录》，淘汰、伪劣、过期、失效的废弃化学品。废弃危险化学品对人类的生产、生活和环境甚至社会稳定都有着巨大的潜在危害。

（6）医疗废物

主要为实验过后产生的动物尸体、沾染病原体的生物培养基、动物垫料等。医疗废物含有潜在有害的微生物，可能通过伤口和呼吸道感染实验室工作者以及普通民众。其他潜在的传染风险包括具有耐药性微生物从医疗设施传入环境。

6.1.1.2　放射性废物

放射性废物是指含有放射性核素或被放射性核素污染，其浓度或比活度大于国家相关标准规定的清洁解控水平，并且不再利用的废物。放射性废物的共同特征是含有放射性核素或被放射性核素污染、能够释放热能和对人及生物体有害的射线，其危害主要表现为具有物理毒性、化学毒性和生物毒性。

6.1.1.3　一般废物

一般废物是指除危险废物和放射性废物外的未沾染危化品或致病性生物因子的其他废物。这些废物主要有废包装材料、破碎容器（玻璃瓶、烧杯、量筒等）、废手套等。

同时，我们还要注意一类垃圾——生活有害垃圾。根据不同城市的垃圾管理条例，生活中有害垃圾有以下几类。①废镍镉电池和废氧化汞电池：镍镉电池、充电电池、铅酸电池、蓄电池、纽扣电池；②废荧光灯管：荧光灯、节能灯、卤素灯；③废药品及其包装物：过期药物、药物胶囊、药片、药品内包装；④废油漆和溶剂及其包装物：废油漆桶、洗甲水、染发剂壳、过期指甲油；⑤废含汞温度计、血压计：水银血压计、水银体温计；⑥废杀虫剂、消毒剂及其包装：老鼠药、消毒剂、杀虫喷雾；⑦废矿物油及其包装物：废矿物油及包装；⑧废胶片及废相纸：X光片等感光材料、相片底片等。

6.1.2 实验室危险废弃物的危害

（1）对大气的危害

实验室产生的有害物质尤其是废气，一旦进入到大气循环中，容易污染大气。

（2）对土壤的危害

大批量化学废弃物进到土壤中，可造成土壤酸化、土壤层碱化和土壤板结，影响植物生长。

（3）对水体的环境污染

这些废液中普遍含有毒性较大的重金属离子；有使水中的 pH 值发生变化，且有腐蚀性的酸碱液；有使水体出现富营养化现象，造成藻类大量繁殖，使水中缺氧，导致鱼类死亡的氮、磷废液等。

（4）对人体的危害

当自然环境受到污染后，空气污染物可能通过多种方式进入人体，可能造成各种各样病症，严重威胁人体健康。

6.2 实验室危险废弃物的收集和储存管理

6.2.1 实验室危险废弃物的收集

（1）化学危险废弃物

① 化学废液按化学品性质和化学品的危险程度分类进行收集，使用专用废液桶盛装，不能把不同类别或会发生异常反应的危险废弃物混放，化学废液收集时，必须进行相容性测试；废液桶上须贴标签，并做好相应记录。

② 固体废弃物、瓶装废弃物和一般化学品容器先用专用塑料袋收集，再使用储物箱统一存放，储物箱上须贴标签，并做好相应记录。

③ 剧毒化学品管理实行"五双"制度，即双人保管，双锁，双账，双人领取，双人使用为核心的安全管理制度；剧毒废液和废弃物要明确标示，并按学校剧毒化学品相关管理规定收集和存放。

④ 废弃化学品须在原瓶内存放，保持原有标签，并注明是废弃化学品。

⑤ 化学废液通常分为有机物废液和无机物废液，应预先了解废液来源，分别收集和存放，不清楚废液来源和性质时禁止混放；废液桶上应有明确标识。

（2）生物危险废弃物

① 未经有害生物、化学毒品污染的实验动物尸体、肢体和组织须用医疗废弃物包装袋包装好，放置于专用冰箱或冰室冷冻保存，并做好相应记录。

② 经有害生物、化学毒品污染的实验动物尸体、肢体和组织须先进行消毒灭菌，再用专用塑料密封袋密封，贴上有害生物废弃物标志，放置专用冰箱或冰室冷冻保存，在存放冰柜的显著位置标示"实验动物尸体及废弃物专用"警示标志，并做好相应记录。

③ 生物实验器材与耗材中，塑料制品应使用特制的耐高压超薄塑料容器收集，定期灭菌后进行回收处理；废弃的锐器（针头、小刀、金属和玻璃等）应使用防刺穿的专用容器分类收集，统一回收处理。

④ 医学相关实验室产生的废弃物应按照《医疗废物集中处置技术规范》（环发〔2003〕206号）的要求进行分类收集和存放。医学相关实验室产生的污水应当按照国家、地方规定严格消毒回收，严禁直接排入生活污水处理系统。

⑤ 其他生物废液，能进行消毒灭菌处理的，处理后确保无危害后按生活垃圾处理；若不能进行消毒灭菌处理的，则用专用塑料袋分类收集，贴上有害生物废弃物标志，放置专用冰室或冰箱冷冻保存，并做好相应记录。

（3）辐射及放射性危险废弃物

① 放射性废源、废液和废射线装置应按国家有关标准做好分类、记录和标识，内容包括：种类、核素名称等。

② 废放射源：单独收集，按国家生态环境部门的相关要求密封收集，进行屏蔽和隔离处理；存放地点有明显辐射警示标志，防火防盗，专人保管。

③ 由所在单位向学校管理部门提交送贮申请，再由学校管理部门向生态环境部门递交送贮申请，按照生态环境部门的要求进行处理。

④ 液态放射性废弃物须经生态环境部门聘请的专业人员进行固化后再进行处理。

⑤ 废弃放射装置在报废前须经生态环境部门核准，请专业人员取出放射源，再按放射性废弃物的处理方式处理。

最后，其他不明确危险属性的危险废弃物应按国家、地方法律法规及相关规定收集与存放。

6.2.2　实验室危险废弃物的储存

在具备危险废弃物处置资质的单位收集处理之前，实验室务必保管好实验室危险废弃物，按以下要求存放。

① 原则上对实验室危险废弃物进行集中存放管理，保障临时存放设施的安全条件，保持通风，远离火源，避免高温、日晒、雨淋，避免不相容性危险废弃物近距离存放；对不具备集中存放条件的实验室，将实验室危险废弃物临时存放于实验室内合适位置，不得存放于实验室楼道和学生实验的公共区间。

② 在常温常压下易燃、易爆及产生有毒气体的危险废弃物，进行必要的预处理，使之稳定后方能进行一般存放，并按要求做好记录。

③ 盛装液体危险废弃物的容器内须保留足够的空间，确保容器内的液体不超过容器容积的75%。

④ 生物专用冰室或冰箱，不得放置其他物品，避免发生交叉感染。

⑤ 在具备危险废弃物处置资质的单位回收处理之前，实验室必须采取有效措施，防止废弃物的扩散、流失、渗漏或者产生交叉污染。

⑥ 实验室和学院在危险废弃物转移交接时，相关人员必须在场，并做好交接记录，填写危险废弃物转移联单，记录并存档。

6.3 实验室危险废弃物的处置方法

6.3.1 实验室危险废弃物处置的基本原则

化学工作者应树立绿色化学思想，依据减量化、再利用、再循环的整体思维方式来考虑和解决化学实验出现的废弃物问题。处理时要谨慎操作，防止产生有毒气体以及发生火灾、爆炸等危险，处理后的废物要确保无害才能排放。

各实验室设立专门的小组负责实验室危险废弃物的管理工作。实验室危险废弃物（以下简称"三废"），是指实验室在教学、科研活动等过程中所产生的，列入《国家危险废物名录》或根据国家规定的危险废弃物鉴别标准和鉴别方法认定的有毒有害化学废液、废气、废渣、粉尘及其污染物。实验室"三废"的安全处置原则是"分类收集、定点存放、专人管理、集中处理"。必须对进入实验室的工作人员和学生进行实验室安全知识教育，令其熟知"三废"处置原则和规定。实验室"三废"处置包括收集、暂存、转移及处理等环节工作。各实验室"三废"处置管理组织体系应与本单位危险化学品管理组织体系相同，同时需确定专职人员负责"三废"处置日常管理工作，宣传、贯彻、执行国家和学校有关"三废"安全管理的法规、制度；责任人负责收集、暂存本单位各实验室产生的"三废"，并负责将"三废"转交实验室设备处集中处置。并且，剧毒物品必须集中收缴、储存，并经公安、环保等有关部门同意后，采取严密措施，统一处理。设立"实验室危险废弃物处置专项基金"，专门用于处理"三废"。

6.3.2 实验室危险废弃物处理前需注意事项

6.3.2.1 实验室危险废弃物鉴定流程

在将危险废弃物处理前需要鉴别，然后进行分类和包装，以便储存和运输。一般的实验室危险废弃物鉴定流程可参考图6.3。

6.3.2.2 实验室危险废弃物的包装及搬运

废液的包装及搬运也是容易发生事故的环节。包装不当容易造成容器碎裂而导致危险品泄漏。随着国家日益加强危险废物环境管理，产废单位、运输公司、处置公司都对危险废物的包装和运输有更加规范的要求。需要实验室更加合理地处置危险废弃物。

（1）实验室危险废弃物的包装

可以按照危险废弃物的种类来分：沾染危化品或致病生物因子的固废中，无锐器的可使用结实专用的固废袋，有锐器的可使用厚纸箱或铁桶密封，而生物废物如需高温高压灭菌的，应使用专用耐高温高压生物废弃物包装；废电路板可以使用厚纸箱或者塑料桶封装；废弃化学品一般采用原包装密封，保留原标签；医疗废物灭菌处理后分类密封包装，动物尸体、沾染病原体的生物培养基等密封后应冷藏，动物垫料应用塑料袋封装后放入危废公司提供的收集箱。

（2）实验室危险废弃物的搬运

需穿长衣、长裤、能把脚全封闭包裹的平底鞋，鞋底需防滑。佩戴长度大于32cm、

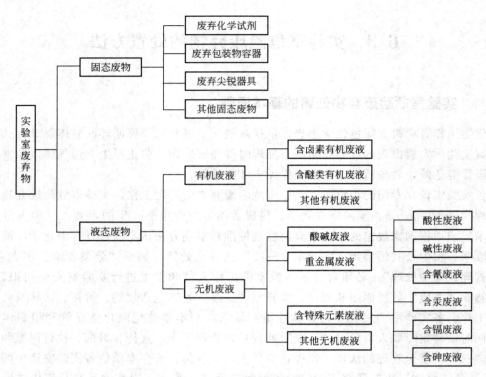

图 6.3　实验室危险废弃物

防酸碱、耐腐蚀的手套；搬运时完全服从搬运现场负责人的指挥，一旦发现问题，立即停止搬运，并立即汇报，搬运时要注意自身安全，搬运整个过程不能吸烟或者接触潜在火源，搬运时不能吃东西。搬运前要检查包装是否密封严实，检查废液桶内、外盖是否旋紧，是否泄漏、废液桶手柄是否牢固、废液桶是否变形、内压是否过大，需提前确保废液桶在搬运过程中的安全，检查固体废弃物包装是否破损。搬运过程中必须做到轻拿、轻放，严禁摔、碰、撞、拖拉、倾倒和滚动。途经人群时需小心。搬运过后要注意个人卫生，待全部废物搬运后，脱去防护手套，仔细清洗双手，更换工作用的衣服和鞋子。

6.3.3　实验室危险废弃物处置方法

6.3.3.1　实验室化学废液的处理方法

（1）无机酸、碱类废液的处理

一般无害的无机中性盐类，或阴阳离子废液，可经由大量清水稀释后，由下水道排放。无机酸碱或有机酸碱，需中和至中性或以水大量稀释后，再排入下水道中。

（2）含氧化剂、还原剂废液的处理

对氧化剂、还原剂废液的处理常采用氧化还原法，要注意一些能反应产生有毒物质的废液不能随意混合，如强氧化剂与盐酸、易燃物，硝酸盐和硫酸，有机物和过氧化物，磷和强碱（产生 PH_3），亚硝酸盐和强酸（产生 HNO_2），$KMnO_4$、$KClO_3$ 等不能与浓盐酸混合等。

（3）含有毒无机离子废液的处理

含有毒无机离子废液的处理利用沉淀、氧化、还原等方法进行回收或无害化处理。

（4）有机废物的处理

有机类实验废液与无机类实验废液不同，大多易燃、易爆、不溶于水，故处理方法也不尽相同。有蒸馏法、焚烧法、溶剂萃取法、吸附法、氧化分解法、水解法、光催化降解法等。

含有毒无机离子废液的处理示例如下。

① 含钡废液 沉淀法：向含钡的废液中加入硫酸镁、硫酸钠或稀硫酸，使 Ba^{2+} 转化为难溶于水的 $BaSO_4$ 沉淀。

② 含银废液 沉淀-金属置换法：当从含有多种金属离子废液中回收银时，加入盐酸不会产生共沉淀现象。碱性条件下其他金属的氢氧化物会和氯化银一起沉淀，酸洗沉淀可除去其他金属离子。得到的氯化银用 4mol/L H_2SO_4 或 10％～15％氯化钠溶液和锌还原氯化银，直到沉淀内不再有白色物质，析出暗灰色细金属银沉淀，水洗，烘干，用石墨坩埚熔融可得金属银。

③ 含镉废液 氢氧化物沉淀法：在镉废液中加入消石灰，调节 pH 值至 10.6～11.2，生成难溶于水的 $Cd(OH)_2$ 沉淀，分离沉淀，检测滤液中无镉离子时，将其中和后即可排放。

④ 含铬（Ⅵ）废液（戴防护眼镜、橡皮手套，在通风橱内进行操作） 氧化还原和沉淀法：Cr^{6+} 的毒性比 Cr^{3+} 大得多，含铬废液应用硫酸调至 pH 值为 2.0～3.0，用 $FeSO_4$ 或 Na_2SO_3 将 Cr（Ⅵ）还原为 Cr（Ⅲ），再加石灰或氢氧化钠生成低毒的 $Cr(OH)_3$ 沉淀。

注意：在 pH 值 7～8.5 范围 Cr 以 $Cr(OH)_3$ 沉淀存在。

⑤ 含铅废液 铝盐脱铅法：在含铅废液中加入消石灰，调节 pH 值至 11，使废液中的铅生成 $Pb(OH)_2$ 沉淀，然后加入 $Al_2(SO_4)_3$（凝聚剂），将 pH 值降至 7～8，则 $Pb(OH)_2$ 与 $Al(OH)_3$ 共沉淀，分离沉淀，检测滤液中不含铅后，排放废液。

硫化物沉淀法：在含铅废液中加入 Na_2S 或通入 H_2S 气体，使废液中的铅生成 PbS 沉淀而分离除去。

⑥ 含砷废液 As_2O_3 是剧毒物质，处理时必须十分谨慎；含有机砷化合物时，先将其氧化分解，然后才进行处理。可使用氢氧化物共沉淀法与 Ca、Mg、Ba、Fe、Al 等的氢氧化物共沉淀而分离除去。用 $Fe(OH)_3$ 时，其最适宜的操作条件是：铁砷比（Fe/As）为 30～50；pH 值为 7～10。

⑦ 含汞废液（毒性大，经微生物作用后，会变成毒性更大的有机汞，不能含有金属汞） 硫化物共沉淀法：先将含汞盐的废液的 pH 值调至 8～10，然后加入过量的 Na_2S，生成 HgS 沉淀，与加入的 $Fe(OH)_3$ 形成共沉淀而除去。活性炭吸附法：先稀释废液，使 Hg 浓度在 $1×10^{-6}$mol/L 以下，然后加入 NaCl，再调节 pH 值至 6 左右，加入过量的活性炭，搅拌约 2h，过滤，保管好滤渣。

⑧ 含氰化物废液 化学氧化法：先用碱溶液将溶液 pH 值调到大于 11 后，加入次氯酸钠或漂白粉，充分搅拌，氰化物分解为二氧化碳和氮气，放置 24h 后排放（废液制成碱性，防止有毒气体产生，在通风橱内处理）。

硫酸亚铁法：在含氰化物的废液中加入硫酸亚铁溶液，CN^- 与 Fe^{2+} 形成毒性小的 $Fe[(CN)_6]^{4-}$ 配离子，该离子可与 Fe^{3+}（由 $FeSO_4$ 氧化而来）形成 $Fe_4[Fe(CN)_6]_3$ 蓝色沉淀而分离除去。

活性炭催化氧化法：在活性炭存在下将空气通入 pH>8.5 的含氰化物的废液中，利用空气中的氧将氰化物氧化为氰酸盐，氰酸盐随即水解为无毒物。

⑨ 重金属离子　沉淀法：氢氧化物或硫化物加碱或加 Na_2S 把重金属离子变成难溶性的氢氧化物或硫化物沉积下来，过滤，分离，少量残渣可埋于地下［预先分解有机物配离子及螯合物、$Cr(Ⅲ)$、CN^- 等；含两种及以上金属离子时注意处理的最适宜 pH 值］。

⑩ 含硫废液　催化氧化法：在催化剂作用下，利用空气中的氧将硫化物氧化成硫代硫酸盐或硫酸盐。

⑪ 含氟化物废液　沉淀法：含氟化物废液在 pH 值为 8.5 时加入石灰形成氟化钙沉淀，同时加入明矾共沉淀效果更好。

6.3.3.2　实验室化学废气的处理方法

化学实验室废气排放绝大多数采用直接排放的方式，一般实验室采用管道集中到楼顶，风机直接排放的方式，也有的实验室采用分散式排风扇直接排放，基本上未做废气处理，有很多实验室进行废气处理后排放。集中直接排放虽在某种程度上局部改善了操作人员的工作环境，但仍对大气造成了直接污染，严重地影响了周边地区的生态环境，其损失无法用货币来衡量。

以下是几种常见的处理方式：

① 冷凝法　利用蒸汽冷却凝结，主要利用冷介质对高温有机废气蒸气进行处理，可有效回收溶剂。处理效果的好坏与冷媒的温度有关，处理效率较其他方法低，回收高浓度有机蒸气和汞、砷、硫、磷等。

② 燃烧法　包括高温燃烧和催化燃烧，将可燃物质加热后与氧进行燃烧，使污染物转化成二氧化碳和水等，从而使废气净化。

③ 吸收法　利用气体混合物中不同组分在吸收剂中溶解度的不同，或者与吸收剂发生选择性化学反应，从而将有害组分从气流中分离出来的过程。

④ 吸附法　气体混合物与适当固体接触时，利用固体表面存在的未平衡的分子引力或者化学键力，把混合物中某一组分或某些组分吸留在固体表面上。

⑤ 催化剂法　利用不同催化剂对各类物质的不同催化活性，使废气中的污染物转化成无害的化合物或比原来存在状态更易除去的物质，以达到净化有害气体的目的。

⑥ 过滤法　含有放射性物质的废气，须经过滤器过滤后排往大气中。

6.3.3.3　实验室固体废弃物的处理方法

实验室的固体废弃物不但会危及人们的健康与生命，同时也会严重破坏自然界的生态环境，使自然界动植物严重失衡。针对这一严峻问题，各个高校也制定出台了相关处理办法，旨在加强实验室的安全管理，使实验室的危险固体废弃物得到及时有效的处置，避免给人民群众的生活以及社会带来负面影响。以下是常见处理方法：

（1）填埋法

填埋法是固体废弃物处理中最简单、最便捷的方法，通常情况下，具有处理资质的机构会针对固体废弃物的属性及毒性，合理采用这种方法，其效果是显而易见的。填埋法相对投入少，处置方法简单安全，而且它不受固体废弃物种类的影响，可以同时处理大量的固体废弃物，而进行土地填埋后，原有的场地亦可以作为其他用途，不过这种方法也具有一定的缺点，最重要的是远离居民区，同时对填埋场地还要经常性地进行维修，而深埋在地下的固体废弃物，经过长时间的分解，有可能会产生易燃、易爆的毒性气体，造成二次污染。

（2）焚烧法

这种方法适用于一些有机固体废弃物，它的优点在于可以迅速减少固体废弃物的容积，同时可以破坏其内部组织结构或者直接杀灭病原菌，达到除害、解毒的效果。可是固体废弃物在燃烧时容易产生酸性气体以及一些有机的炉渣成分，如果直接排放到土地当中，势必会造成二次污染。另外，使用这种方法处理固体废弃物，管理费用与后期维护费用高，经济性稍差。

（3）固化法

固化法就是将沥青、水泥等凝结剂与危险固体废弃物加以混合进行固化密封处理，使固体废弃物中的有毒、有害物质不浸出，从而达到无害化处理的目的。不过使用沥青固化法，往往会因为沥青温度过高，而发生额外的危险。

生物类废物应根据其病源特性以及物理特性选择合适的容器和地点，专人分类收集进行消毒、烧毁处理，日产日清。固体可燃性废物分类收集、处理，一律及时焚烧。固体非可燃性废物分类收集，可加漂白粉进行氯化消毒处理，满足消毒条件后作最终处理。一次性使用制品如手套、帽子、工作服、口罩等使用后放入污物袋内集中烧毁。可重复利用的玻璃器材如玻璃片、吸管、玻璃瓶等可以用 $1000\sim3000mg/L$ 有效氯溶液浸泡 $2\sim6h$，然后清洗重新使用，或者废弃。盛标本的玻璃、塑料、搪瓷容器可煮沸 15min 或者用 $1000mg/L$ 有效氯漂白粉澄清液浸泡 $2\sim6h$，消毒后用洗涤剂及流水涮洗、沥干，用于微生物培养的，用压力蒸汽灭菌后使用。微生物检验接种培养过的琼脂平板应压力灭菌 30min，趁热将琼脂倒弃处理。

6.3.3.4　实验室特殊废弃物的处理方法

放射性废物的处理：放射性废物的处理应按 2012 年 3 月 1 日起执行的中华人民共和国国务院令第 612 号《放射性废物安全管理条例》的规定执行。核设施营运单位应当对放射性固体废弃物和不能经净化排放的放射性废液进行处理，使其转变为稳定的、标准化的固体废弃物后自行储存，严防泄漏，禁止混入化学废物，并及时送交取得相应许可证的放射性废物处置单位处置。在放射性废物处理过程中，除了靠放射性物质的衰变使其放射性衰减外，还需将放射性物质从废物中分离出来，使放射性物质的废物体积尽量减小，可采取多级净化、去污、压缩减容、焚烧、固化等措施处理与处置，固化后存放到专用处置场或放入深地层处置库内处置，使其与生物圈隔离。

实验过程中产生的极低水平的放射性废液，可随下水道排放；对于较高和极高水平的放射性废液，应将废液和其浓缩物同人类生活环境长期隔离，任其自然衰变至对人类和生物的危害降到最低。放射性废源应按国家有关规定统一收储，必须集中收缴、储存，并经公安、环保等有关部门同意后，采取严密措施，统一处理。对实验使用后多余的、新产生的或失效（包括标签丢失、模糊）的固体化品，也需分类收集，回收运送至学校的储存点统一处理。

练　习

选择题

1. 实验完成后，废弃物及废液应如何处置？（　　　）

A. 倒入水槽中

B. 分类收集后，送中转站暂存，然后交有资质的单位处理

C. 倒入垃圾桶中

D. 任意弃置

2. 用剩的活泼金属残渣应如何处理？（　　　）

A. 连同溶剂一起作为废液处理

B. 缓慢滴加乙醇将所有金属反应完毕后，整体作为废液处理

C. 将金属取出暴露在空气中使其氧化完全

D. 任意弃置

3. 对危险废弃物的容器和包装物以及收集、贮存、运输、处置必须（　　　）。

A. 设置危险废弃物识别标志

B. 设置识别标志

C. 设置生活垃圾识别标志

D. 不用设置任何标志

4. 实验室内的浓酸、浓碱处理，一般可（　　　）。

A. 先中和后倾倒，并用大量的水冲洗管道

B. 不经处理，沿下水道流走

C. 不需中和，直接向下水道倾倒

D. 任意倾倒

5. 处理使用后的废液时下列哪些陈述是正确的？（　　　）

A. 用剩的液体倒回原瓶中，以免浪费

B. 可以将水以外的任何物质倒入下水道，不会造成环境污染和处理人员危险

C. 废液收集起来放在指定位置，统一进行处理

D. 因为氢氟酸为弱酸，因此可以将其废液倒入浓硫酸的收集桶里，但是禁止倒入氢氧化钠桶里

填空题

1. 凡是有气体产生的实验都须在_____中进行。

2. 废的铬酸洗液可用_____使其再生，重复使用。

3. 危险废物污染环境，防治坚持减量化、资源化和_____的原则。

简答题

1. 简述对碎玻璃的正确处理方法。

2. 简述对生物废弃物的正确处理方法。

3. 实验过程产生的剧毒药品废液需要如何处理？

答案：

选择题

1～5　BBAAC

填空题

1. 通风橱

2. 高锰酸钾氧化法

3. 无害化

简答题

1. 要戴上厚手套小心地彻底清除，丢在专用利器盒中，利器盒装满 80% 后，应关闭

利器盒盖并用胶带封严，贴上标签，送至学校指定地点统一回收。

2. ① 未经有害生物、化学毒品污染的实验动物尸体、肢体和组织须用医疗废弃物包装袋包装好，放置于专用冰室或冰箱冷冻保存，并做好相应记录。

② 经有害生物、化学毒品污染的实验动物尸体、肢体和组织须先进行消毒灭菌，再用专用塑料密封袋密封，贴上有害生物废弃物标志，放置专用冰箱或冰室冷冻保存，在存放冰柜的显著位置标示"实验动物尸体及废弃物专用"警示标志，并做好相应记录。

③ 生物实验器材与耗材中，塑料制品应使用特制的耐高压超薄塑料容器收集，定期灭菌后进行回收处理；废弃的锐器（针头、小刀、金属和玻璃等）应使用防刺穿的专用容器分类收集，统一回收处理。

④ 医学相关实验室产生的废弃物应按照《医疗废物集中处置技术规范》（环发〔2003〕206 号）的要求进行分类收集和存放。医学相关实验室产生的污水应当按照国家、地方规定严格消毒回收，严禁直接排入生活污水处理系统。

⑤ 其他生物废液，能进行消毒灭菌处理的，处理后确保无危害后按生活垃圾处理；若不能进行消毒灭菌处理的，则用专用塑料袋分类收集，贴上有害生物废弃物标志，放置专用冰室或冰箱冷冻保存，并做好相应记录。

3. 实验过程产生的剧毒药品废液需要妥善保管，不得随意丢弃、掩埋，集中保存，统一处理。

第7章

实验事故的防范与应急处理

化学实验经常要接触或者使用各种各样的化学试剂，这些化学试剂中不乏易燃、易爆及有腐蚀性、有毒的物质，稍有操作失误就可能引发事故。对于新进入实验室的学生，实验操作中难免会出现失误。再者，化学实验室中有各种各样的仪器，仪器操作失误，极有可能出现重大事故，如某高校学生未按要求使用反应釜，使得反应釜爆炸冲穿天花板。因此，高校化学教师以及实验人员包括学生应该掌握必要的急救知识和救援方法，以备不时之需。如在实验过程中不幸发生事故，实验室有关人员需要在第一时间进行紧急处理。严重时应立即拨打 119 和 120 等电话，并在救援人员到达前进行必要的急救。本章将着重介绍各类化学实验伤害事故的应急处理方法，实验人员一旦在实验过程中遇到紧急情况，可通过学习本章的相关内容，掌握解决方法。

7.1 不同中毒事故和应急处理

为保证人身安全，需要学习以下几种中毒后的应急处理方式。

（1）有毒气体吸入

迅速将中毒者转移到有新鲜空气处，并解开衣领和纽扣使患者深呼吸无阻碍，若无法呼吸，立即对其做人工呼吸。待呼吸好转后，立即送医院治疗。若是部分剧毒物质中毒并导致患者无法自主呼吸，需立即拨打急救电话，向急救中心说明，切记不要进行嘴对嘴人工呼吸，以免引起自身中毒。

警示案例：2010 年，某大学实验室内，试剂储存柜中的已稀释的丙烯醛发生泄漏，并产生强烈的刺鼻气味，该实验室某人发现并打开柜门，结果一不小心吸入大量有毒气体，随即送医进行治疗。后经调查发现，丙烯醛是易挥发的物质，并且毒性很高，一般用作除草剂原料等。而发生泄漏的原因，仅仅是因为盛装该药品的容器老化。再加上实验室内通风效果不好，导致了该事故的发生。吸入丙烯醛会导致恶心，甚至肺水肿、腹痛等严重情况发生，非常严重的会产生休克的现象。故如果出现丙烯醛中毒，一定要及时去医院进行相应的治疗，避免出现不良症状。

（2）有毒试剂进入眼睛

当眼睛不小心被滴溅到某些化学毒物后，应立即寻找到最近的洗眼器。将眼睑提起，先使得毒物随泪水流出，然后使用洗眼器用大量冷水冲洗。冲洗时需要注意，眼球需要不断转动，并不断冲洗不少于 15min，至将眼中的化学物质冲掉为止。这里需要注意以下几点：

某些毒物不得用水直接冲洗，如生石灰等。一般遇到此种情况，应用棉签或干净的手绢将眼中毒物清理干净，然后再使用清水反复冲洗，冲洗完毕后需要即刻就医。

冲洗过程中的水，不能是热水，防止热水增强毒物的吸收。

化学解毒剂不得直接滴入眼睛中。

典型案例：某高校一名研究生在做实验时，由于操作失误，不慎将甲醛溶液溅入眼睛中。该生立马找到洗眼器，并对眼睛进行了 30min 的冲洗后送医，最终该生眼睛并无大碍。

（3）有毒物沾染皮肤

当皮肤沾染毒物后，需要马上脱下沾染毒物的衣物等随身物品。迅速找到就近的水龙头，并用冷水冲洗不少于 15min，冲洗完成后使用对应的解毒剂或者软膏敷在被沾染到的皮肤表面。这里需要注意以下几点：

① 如果皮肤表面有伤口，需尽快清理有毒物质，并立即送往就近的医院或职业病医院。

某些毒性很强的物质，在冲水后，须立即敷上解毒物质，防止皮肤大量吸收造成不可逆的后果。

② 对于会和水反应的毒性物质，不可用水直接冲洗，而是应该先用干净的物质处理掉毒性物质，再立即送医。

典型案例：某高校一学生，在做实验时不小心将手套划破，手划伤，但未发现。实验过程中使用了部分有毒液体，在实验结束后并未洗手消毒，几天后伤口出现了红肿，伤口周围开始化脓。后经医治一段时间后，虽并无大碍，但留下了永久性伤疤。

（4）误食化学品的应急处理

在本章介绍的几种中毒危害中，误食化学品的危险性最大。实验人员因为不小心或操作失误吞食药品中毒，这类事情很难处理，必须立即就医。但在就医之时，需要告知误食的化学药品的种类以及剂量，还有中毒发生的时间。

误食某些化学品的应急处理方法参考表 7.1。

表 7.1　误食某些化学品的应急处理方法

误食	应急处理办法
强酸	可以口服 3%～4%氢氧化铝凝胶 60mL，或者 0.17%的氢氧化钙 200mL。如果在家找不到上述药物，可服用鸡蛋清或牛奶 60mL 或植物油 100mL，以保护食管及胃黏膜。禁止洗胃催吐
强碱	如果误食强碱，应立即服用稀释的米醋或者 2%的醋酸，也可以服用鸡蛋清或者植物油。禁止催吐和洗胃，随即送往医院
汞	大量服用牛奶尽快把汞排掉，并立刻送往医院
铅	以 1mL/min 的速度，静脉注射 20%的甘露醇水溶液，至每千克体重达 10mL 为止

误食	应急处理办法
酚类化合物	饮用自来水、牛奶或吞食活性炭,以减缓毒物被吸收的程度。接着反复洗胃或催吐。然后,再饮服 60mL 蓖麻油及于 200mL 水中溶解 30g 硫酸钠制成的溶液
重金属盐	可以饮用大量牛奶或者豆浆,让牛奶和豆浆中的蛋白质与重金属离子作用,从而减弱或者消除重金属离子对人体的伤害。并立马就医

典型案例:2010 年,某地一位女孩误服百草枯。起因是由于父母的忽略,女孩想不开并服用了百草枯。家长第一时间带着女孩去了大型医院进行治疗,并做进一步检查。但由于百草枯无有效解毒剂,经过一周后抢救无效死亡。

7.2 各种外伤的应急处理方式

7.2.1 烧伤、烫伤和应急处理

发现烧伤后,要迅速脱离致伤源。如果身上衣物着火,要迅速脱去着火的衣服,若脱不掉,要采用水浇或打滚等方法将火焰熄灭。发现烧伤后,要立即进行急救。对于烧伤的急救有以下五点基本原则。

立即冷疗:冷疗是一种迅速降低烧伤部位温度的方法,一般使用冷水冲洗、湿敷等,其目的是防止持续疼痛和避免深度烧伤并损伤细胞。一般来说,冷疗在 6h 内实施有比较好的效果。冷却水的温度应控制在 $10\sim15℃$ 为宜,冷却时间至少要 $0.5\sim2h$。对于烧伤但不便洗涤的身体部位,可使用自来水润湿毛巾,并包上冰片,冰敷在伤口部位,注意要经常移动毛巾,防止同一部位过冷冻伤。若烧伤者口腔疼痛难耐,可口含冰块减少疼痛。

保护创面:一般来说,烧伤创面无需经过特殊处理。尽可能保留水疱皮完整性,不要撕去腐皮,同时要用干净的绷带进行简单的包扎。创面不可随意涂抹有颜色药物或其他物质,以免影响医生对创面深度的判断和处理,影响后续治疗。

镇静止痛:一般来说,要尽量减少镇静止痛药物应用,但如果遇到疼痛敏感伤者应当注射止痛药物。如果发生伤者持续躁动不安的情况,应考虑是否有休克现象,询问医生是否应用镇静剂,不可盲目使用。

液体治疗:若烧伤者出现口渴、要水的早期休克症状,一般只能少量饮用淡盐水,且一次口服不得超过 50mL。深度休克需静脉补液。静脉输液以等渗盐水、平衡液为主。同时可适量补充一些 $5\%\sim10\%$ 葡萄糖液,但不可大量输注葡萄糖液,尤其是病情严重需长距离转送的患者。

转送治疗:原则上就近急救。若遇危重烧伤者,且就近医院无条件救治,需立即转送至有条件的医院。在 120 转送过程中需要:保证烧伤者输液并减少颠簸,减少休克发生的可能性;保持呼吸道通畅,轻度吸入性损伤者需抬高头部,中度吸入性损伤者需气管插管,重度需切开气管;留置导尿管,随时观察尿量。注意创面简单包扎,并保证患者的保暖。

对于烫伤,如果伤势较轻,用 95% 的酒精轻涂伤口,并涂上烫伤膏或凡士林即可;

如果伤势较重，不得涂烫伤膏等油脂类药物，防止感染，但可撒上纯净的碳酸氢钠粉末，并立即拨打 120 急救电话或立即送医院治疗。

7.2.2　灼伤和应急处理

凡是化学物质直接作用于皮肤或身体，引起局部皮肤组织损伤，并通过受损的皮肤组织导致全身病理生理改变，称为化学灼伤。化学灼伤一般包括：体表灼伤、呼吸道灼伤、消化道灼伤、眼灼伤。因此，在实验室内应佩戴护目镜保护眼睛，穿好实验服。一旦发生化学灼伤，应迅速解除衣物，并立马去除皮肤上的化学药品，使用清水冲洗。

下面介绍各种类型试剂灼伤后的处理方法。

（1）酸灼伤

如果酸灼伤了皮肤，应立即用大量水冲洗不少于 30min，然后使用大约 5％的碳酸氢钠溶液进行洗涤，去除酸性试剂。再用清水洗净，并涂上甘油，将外界空气与皮肤隔离以保护皮肤。若灼伤处引起水疱，则需要涂上紫药水。

如果酸灼伤了眼睛，应立即抹去溅在眼睛外的酸物质，立即用清水冲洗眼睛。注意要使用洗眼器，若实验室无洗眼器，可用塑料管接上水龙头对眼睛冲洗。冲洗完毕后，用稀的碳酸氢钠溶液进行洗涤，最后滴入少许蓖麻油。

（2）碱灼伤

如果碱灼伤了皮肤，应立即用大量水冲洗，然后用饱和硼酸溶液或 3％的醋酸溶液进行洗涤，最后再涂上药膏并包扎好。但不同碱灼伤的处理方式存在一定的差异。比如当皮肤被氢氧化钠灼伤后，应先使用清水冲洗 15min 以上，再用 1％硼酸溶液进行浸洗，最后再次使用清水进行清洗。

如果碱灼伤了眼睛，应立即抹去溅在眼睛外面的碱物质，然后立即用清水冲洗眼睛，步骤和酸灼伤眼睛一致。清洗完毕后，再用饱和硼酸溶液对眼睛进行洗涤，最后滴入蓖麻油。

（3）溴灼伤

溴滴落到皮肤上是很危险的，因为溴灼伤一般不容易愈合。所以应立即用水冲洗，再用 25％的氨水、松节油和 75％酒精按照 1∶1∶10 的比例混合液涂敷。也可先用甘油除去溴物质，然后用清水冲洗，最后涂上甘油。

如果眼睛受到溴蒸气的刺激，不能睁开眼睛，应立即对着盛有酒精的瓶口，尽力睁开眼睛，并注视片刻。

（4）磷灼伤

如果遇到磷灼伤，应先用水冲洗多次，然后用 2％的碳酸氢钠溶液浸泡灼伤处，以中和所生成的磷酸。而后再使用 1％的硫酸铜溶液进行洗涤，使磷转化为难溶的磷化铜。最后再用生理盐水或清水冲洗残余的硫酸铜。清洗完成后按烧伤处理操作方式处理灼伤处，千万不要用油性敷料包扎灼伤处。

（5）氢氟酸灼伤

氢氟酸虽然酸性不强，但具有极强的腐蚀性，对衣物、皮肤、眼睛、呼吸道、消化道黏膜均有刺激、腐蚀作用。氢氟酸可致接触部位明显灼伤，严重的，可形成愈合缓慢的溃疡。故一旦氢氟酸灼伤，应先用清水多次冲洗，然后使用 5％的碳酸氢钠溶液进行洗涤，再涂上 33％的氧化镁和甘油糊剂，或敷上 1％的氢化可的松软膏即可。

（6）酚灼伤

酚具有非常强烈的腐蚀性，一旦沾上皮肤必须马上处理，不然会造成严重的灼伤现象，严重的甚至造成酚中毒。所以对于酚灼伤，应使用大量清水或生理盐水冲洗至少20min，再用50%～70%酒精涂擦创面。

（7）碱金属灼伤

一旦被碱金属灼伤，应立即用镊子移走可见的碱金属，然后用酒精擦洗灼伤处，再用清水冲洗，最后涂上烫伤膏。

案例警示：武汉某高校，某学生做化学实验时不慎将浓硫酸溅出，并溅到学生大腿上，所幸清洗及时，到医院处理后并无大碍。本次事故中并未发生严重后果，其原因是实验室老师具备应急处理能力。

7.2.3 实验室炸伤和应急处理

（1）实验室爆炸性事故发生的客观原因

实验室爆炸性事故有多种原因，一般引起爆炸事故的客观原因如下：

随便混合使用化学药品。将氧化剂和还原剂随意混合存放，可能会在高热摩擦、撞击、震动下会发生爆炸。

密闭体系中进行蒸馏、回流等加热操作。在加压或减压实验中使用不耐压的玻璃仪器。由于反应过激等原因而失去控制，导致仪器爆炸。

某些易燃气体大量泄漏混入空气之中，当达到一定比例时可能会发生爆炸、爆燃等现象，如氢气、甲烷、乙炔、煤气和天然气等。

有的化学药品本身易燃易爆，如硝酸盐类、硝酸酯类、三碘化氮、芳香族多硝基化合物、有机过氧化物等，受热或敲击时会爆炸。

（2）由于实验操作不规范、粗心大意等原因造成爆炸事故的发生

由于实验操作不规范，粗心大意或违反操作规程等原因造成爆炸事故的发生。例如：

在做减压蒸馏时，使用平底烧瓶或锥形瓶做蒸馏瓶或接收瓶，由于瓶子底处不能承受较大的负载负压，从而引起爆炸。反应釜中未插入温感系统，导致反应釜温度过高，从而造成爆炸事故的发生。

在制备易燃易爆气体时，一定要注意附近不要有明火，也不可在制备期间使用明火。在制备和检验氧气时，不要混有其他易燃气体。金属钾、钠、白磷遇火都易发生爆炸。

配制溶液时，要弄清溶液配制方法和顺序。例如，错将水往浓硫酸里倒，亦或是配制浓的氢氧化钠时未等冷却就将瓶塞塞住，并摇动瓶身都会可能发生爆炸。

（3）防止爆炸发生的注意事项

爆炸的毁坏力极大，可能瞬间殃及人身安全，导致实验室内人员受伤甚至死亡，所以对于爆炸事件必须引起极高的重视，在思想上要有所防范。下面是为了防止爆炸事故的发生，而列举的一些注意事项：

搬运钢瓶时，不得使钢瓶在地上随意滚动，也不可撞击钢瓶头部，或者自己随意调换表头，当然气体钢瓶老化、减压阀失灵等也可能导致爆炸的发生。注意某些气瓶不可放在一起，要分开存放，如氧气钢瓶和氢气钢瓶。

在点燃可燃气体前，需要对可燃气体的纯度进行检验，防止点燃过程中爆炸。某些试剂，如银氨溶液不能留存。某些强氧化剂不可研磨，都可能产生爆炸的风险。

具有爆炸危险的实验，应当遵守实验室安全规范，并做好应急措施，在安全的地方施行，最好有专人看护。

在做高压实验时需要在远离人群的实验室中进行，防止爆炸造成损伤过大。实验人员在实验过程中应配置防护屏或佩戴防爆面罩。

一些活泼性金属应保存在密封、阴暗的环境当中。例如钾、钠应保存在煤油中，而磷一般保存在水中。一些易燃的有机溶剂必须远离明火，在使用过后，需要立即盖好瓶塞，防止泄漏。

（4）爆炸事故发生后的应急处理办法

下面是炸伤的一些应急处理方法：

爆炸事故一旦发生，立即拨打120急救电话和119火警电话。如果时间来不及也可直接拨打110报警电话进行求救。爆炸发生后，应听从指挥有组织地从安全出口撤离。

如果手部或者足部等部位炸伤并流血，应迅速用双手卡住出血部位的上方，防止血液流出，并用绷带进行包扎；如果出血不止且出血量大，则应迅速抬高患肢，并用绷带或者橡皮筋用力卡住出血部位上方，急送医院清创处理，绷带或橡皮筋需要每15min松开一次，防止身体局部缺血。如断肢，需要立即将断肢和伤者送入医院，在送入医院的途中需要对断口进行止血，一般再植手术的黄金时间在6~8h内。

如果发现眼部炸伤，需要让伤员立即躺下，千万不要用清水冲洗，防止造成眼睛二次伤害。不得强行把眼睛扒开，不得转动眼球、揉眼睛。需要使用干净的纱布遮盖住双眼，但不可加压包裹眼睛，需要及时送往医院，在送医途中尽量减少颠簸。

典型案例分析：2019年江苏省某科技公司废料仓库发生爆炸并引发火情，所幸并未导致人员受伤。后经调查是公司废料仓库镁铝粉末发生爆燃、爆炸。该案例提醒我们镁粉和铝粉要按照要求进行分开存储，不得混储。

7.3 触电和应急处理

在实验室可能会使用一些大功率电器，如马弗炉、烘箱、电炉等，极有可能导致触电的发生。一般来说，触电事故有两个突出特点：其一是事故的发生会很突然，无法迅速作出反应；其二是发生时间虽然短暂，但其后果可能非常严重。所以一旦发生触电事故，切记莫要慌张，按照触电事故应急方法处理即可。

7.3.1 电流的危害

电流对人体的伤害一般分为两种类型：电击和电伤。电击时，电流要通过人体的内部，造成人体内部器官的损坏，如会造成心脏骤停和神经系统损伤等危害，严重的可能会导致休克甚至死亡。电伤主要是指对人体皮肤、毛发等造成的伤害。其中包括电弧烧伤、电烙伤，甚至有熔化电线金属渗入皮肤等伤害。电伤会给人带来痛苦，严重者会导致截肢、失明等，但是一般不会危及生命。

电流通过人体的途径不同，对人体伤害也不同。电流通过人体的某些重要器官时，其后果可能非常严重。例如电流通过人体脊髓，会导致中枢神经的破坏，严重的可能使人瘫痪。当电流通过心脏时，可能会引起心脏颤动，严重的甚至导致死亡。电流通过人体的头部，会使得脑神经坏死，出现休克甚至死亡的情况。所以要防止触电事故的发生，一旦发生必须尽快救援或求救，防止二次伤害。

7.3.2　触电原因及预防

触电的原因主要有以下几方面。

（1）不遵守操作规范

某些维修人员由于常常接触电气设备，麻痹大意，有的甚至会单凭经验去工作，不做任何防护，结果酿成重大事故，甚至失去生命。如某维修人员在拆除实验室大型仪器时，仅仅关闭了仪器的开关，没有拉下仪器电闸，也未用验电器验电，就开始进行维修拆除，最终导致触电，送医抢救无效后死亡。

（2）电线出现裸露

一旦电气设备受潮从而发生绝缘老化，很容易发生漏电的情况。当使用这些设备时，很容易引起触电。此外，电气设备均应采取保护接零或保护接地措施。电气设备要经常维护保养，尤其是安装在恶劣环境的电气设备，否则会很容易造成绝缘老化。对设备接零、接地系统要重点维护，否则会造成零线断路，接零接地失效，导致严重触电的可能性。对已损坏的电气设备零部件，如空气开关、熔断器的插件、裸露在外的电源线等，一定要及时更换，否则会引起触电事故的发生。

（3）环境

在实验室中一般有着各种电介质和酸或碱液等腐蚀介质。它们会使得导线、电缆及电气设备等老化而造成漏电，从而引发触电危险。实验室中的潮湿、发霉环境也会导致绝缘老化、损坏，甚至还会在设备外层附着一层带电物质而造成漏电。此外，切记检修电气设备时要保证光线充足，如若光线不充足，检修时极易可能发生触电。

（4）电气知识匮乏

电气设备颇多，对于一般使用者来说短时间内很难掌握，而且不同的电器设备有着不同的安全要求，对新接触者来说更是如此，所以需要请专业人士使用或检修。

（5）其他

不可为贪图方便就直接在实验室使用不规范的大功率器件如热水壶。或是在检修过程中，虽然拉断闸刀，但由于串电，导致触电。又如在实验室中，要临时使用某大功率仪器，但为了贪图方便，随意接线或接插座，导致触电。

7.3.3　触电的急救措施

一般来说，如果触电比较严重，触电者会出现昏迷甚至休克，所以要在第一时间内进行救治。下面是触电后的抢救措施。

第一，迅速找到闸刀并切断电源。触电者在触电后一般无法脱离电源，所以需要其他施救者立即切断电源，防止电流对触电者持续伤害。在切断电源时，施救者不能直接用手关闭电闸，需要用绝缘物体隔绝关闭电闸，这样可以防止施救者也陷入触电风险之中。

第二，判断触电者的意识。触电者在脱离电源后，如意识清醒，让触电者就地躺下，防止触电者立即起身或走动。对于不清醒的触电者，应解开触电者衣扣，让触电者保持畅通呼吸。

第三，心肺复苏。当触电者发生心脏跳动停止时，需要在三分钟内进行心肺复苏。

第四，人工呼吸。做心肺复苏时，需要同时进行人工呼吸，施救者和触电者需要口对口，施救者需要捏住患者的鼻子并不断往患者口腔里呼气。

第五，不得随意移动触电者。由于无法判断触电者是否有内伤，如器官损坏等，故在医护人员没有来到前，不得随便移动伤员。

7.4 包扎和心肺复苏

7.4.1 包扎

当出现外伤时，包扎是一种重要的应急有效措施，并且具有止血、减少感染可能性、减少疼痛、固定骨折夹板等作用。包扎使用的材料一般包括绷带和三角巾。如果现场无法找到这两种材料，也可以使用干净的毛巾、头巾、手帕、衣服。错误的包扎方式往往可能导致加重感染、遗留后遗症等严重问题，所以需要学习正确的包扎方法。下面介绍几种包扎方式。

① 环形包扎法：这是最常用的包扎方式，属于一般伤口清洁后使用的包扎方式。它还适用于颈部、头部、腿部以及胸腹部等处。方法是：第一圈环绕稍作斜状，第二圈、第三圈作环形，并将第一圈斜出的一角压于环形圈内，这样固定更牢靠些。最后将其尾部固定，或将其带尾剪开并形成两头打结。

② 螺旋包扎法：先按照环形法缠绕并固定，然后缠住的每圈盖住前圈的二分之一或三分之二成螺旋。注意：这种方法适用于粗细差不多的部位。

③ 反折螺旋包扎法：先作螺旋状缠绕，待到渐粗的地方就每圈把绷带反折一下，盖住前圈的三分之一到三分之二，由下而上缠绕。注意此方法多用于肢体粗细相差较大的部位。

④ 三角巾头部包扎：先把三角巾基底折叠放于前额，两边拉到脑后与基底先作一半结，然后绕至前额作结，并将其固定。

7.4.2 心肺复苏

如发生事故，应保持冷静，立即告诉实验室老师并告知学校或单位医务室。如有必要，需立马采取可以救生的一切措施。除非有被进一步伤害的可能，否则不要轻易移动受伤人。

心肺复苏（图7.1）是一项非常重要的急救措施，若发现实验人员突然倒地，并出现意识丧失、心搏骤停的状况，需及时进行心肺复苏。心肺复苏术总共有三个步骤，分别是：胸外按压、打开气道以及人工呼吸。

在心肺复苏前需要先判断患者的意识。需要对患者进行大声地呼叫并摇动患者，从患者的肢体动作判断是否有反应，凑近他的鼻子感受其是否有呼吸。用手触摸患者的颈动脉，检测是否有搏动。之后开始进行心肺复苏。

开放气道：将患者置于平躺的仰卧位，昏迷的人常常会因舌后坠而造成气道堵塞。所

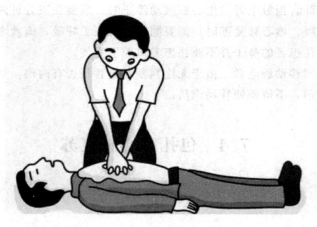

图 7.1　心肺复苏

以施救人员需要尽可能将患者头部向后仰，使患者的下颌角与耳垂的连线垂直于地面。

人工呼吸：开放气道后，应立即进行口对口人工呼吸，将气通过口腔吹进患者肺部。进行 4～5 次人工呼吸后，应摸摸颈动脉、腋动脉或腹股沟动脉。如果没有脉搏，检测患者是否心跳回归。

人工呼吸的注意事项：如图 7.2 所示患者仰卧并使得其面部向上，使其头尽量后仰。施救人员应位于患者头旁，用手捏紧患者鼻子，以防止空气从鼻孔漏掉。最好能找一块干净的纱布或手巾，盖在患者的口部，防止细菌感染，同时用口对着患者的口吹气。在患者胸壁扩张后，立即停止吹气，让患者胸壁自行回缩，呼出空气。大约每分钟 12～20 次。在吹气过程中，要快而有力。每次吹气后施救人员都要迅速掉头，并呼吸新鲜的空气。

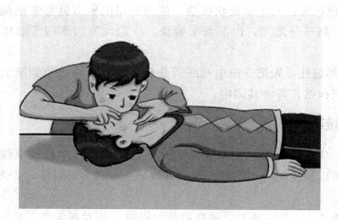

图 7.2　人工呼吸

胸外按压：通过胸外心脏按压形成胸腔内外压差，维持血液循环动力，使得氧气能供给脑部及心脏，以维持生命。当患者已经没有呼吸脉搏时，解开患者衣扣和腰带，在患者心前区迅速叩击三下。而后站立或跪在患者身体旁边，确定胸外按压位置。施救者应两只手掌根重叠并置于患者胸骨中下 1/3 交界处。依靠半身的重力垂直向下压。按压应使胸骨下陷 4～5cm（婴幼儿一般下陷为 1～2cm）后，双手突然放松。注意两只手臂必须伸直且不能弯曲。频率控制在至少 100 次/min。胸外心脏按压与人工呼吸需要配合使用，两者的操作频率比应为 30:2。

练　习

选择题

1. 对成人进行胸外心脏按压时，双手应该（　　　）。

A. 双手掌根重叠　　B. 双手指重叠　　　　C. 掌心紧贴胸壁　　　　D. 手指紧贴胸壁

2. 拨打呼救电话时（　　　）。

A. 通讯电话不能欠费

B. 救援医疗机构人员先挂断电话

C. 只需要说清楚伤病员所在位置

D. 说明情况后可先挂断电话进行现场救护

3. 实施口对口人工呼吸时，每次吹气用时（　　　）。

A. 1s　　　　　　　B. 5s　　　　　　　C. 10s　　　　　　　D. 15s

4. 下列哪项可以提示心肺复苏有效（　　　）。

A. 面色青紫　　　　B. 微弱的自主呼吸　　C. 瞳孔变大　　　　　D. 面色苍白

5. 下列止血方法中，最后在万不得已的情况下选用的是（　　　）。

A. 指压止血　　　　B. 加垫屈肢止血　　　C. 填塞止血　　　　　D. 止血带止血

6. 家庭环境中的创伤和擦伤，哪种清洗伤口的效果更好（　　　）。

A、用自来水冲洗效果好　　　　　　　B. 用生理盐水冲洗效果好

C. 肥皂水冲洗效果好　　　　　　　　D. A 和 B 效果一样好

7. 双下肢骨折的伤病员，应首选（　　　）。

A. 杠轿式搬运　　　B. 担架搬运　　　　　C. 拖行搬运　　　　　D. 扶持搬运

8. 人工呼吸时，成人每分钟吹气频率是 12～20 次。（　　　）

A. 对　　　　　　　　　　　　　　　B. 错

9. 常见的食物中毒是（　　　）。

A. 毒蕈碱中毒　　　　　　　　　　　B. 化学性食物中毒

C. 砷污染食品而引起食物中毒　　　　D. 细菌性食物中毒

10. 伤病员出现呼吸困难时，应首先采取的措施是（　　　）。

A. 人工呼吸　　　B. 口服平喘药　　　C. 解开衣领，取坐位　　D. 口服葡萄糖水

11. 加压包扎止血时以下哪项是错误的（　　　）。

A. 开放性骨折伴出血时，不可将骨折的断端回纳

B. 加压包扎时，不要包扎得太紧

C. 加压包扎时打结的结头应打在伤口上

D. 加压包扎，应观察四肢末梢的血运情况

12. 以下哪个骨折固定原则是错误的？（　　　）

A. 夹板的长度需超过骨折骨所相邻的两个关节

B. 骨折断端暴露，可以送回伤口内

C. 固定后，上肢取屈肘位，下肢取伸直位

D. 骨折断端暴露，不要拉动

13. 对哪种伤员进行紧急救护时不能进行人工呼吸。（　　　）

A. 有毒气体中毒　B. 触电假死　　　　C. 溺水　　　　　　　　D. 心脏病病人

14. 下列哪些不是蜈蚣咬伤的救治方法？（　　　）

A. 肥皂水　　　　　　　　　　　B. 石灰水

C. 用南通蛇药片研碎外抹　　　　D. 醋

15. 有异物刺入头部或胸部时，以下哪项急救方法不正确？（　　　）

A、快速送往医院救治

B. 用毛巾等物将异物固定住，不让其乱动

C. 马上拔出，进行止血

D. 使用担架搬运伤员

16. 施行人工呼吸时，当患者出现极微弱的自然呼吸时，应如何处理？（　　　）

A. 继续进行人工呼吸，且人工呼吸应与其自然呼吸的节律一致

B. 继续进行人工呼吸，但人工呼吸应与其自然呼吸的节律相反

C. 保持人工呼吸频率

D. 立即停止人工呼吸

17. 上臂上止血带的标准部位是（　　　）。

A. 上臂的上 1/3　B. 上臂的上 1/4　　C. 上臂的上 1/2　　　　D. 上臂的上 1/5

18. 救治者对有脉搏成人患者只人工呼吸而不需要胸外按压，成人的频率为（　　　）。

A. 12～20 次/min　　　　　　　　B. 8～10 次/min

C. 10～12 次/min　　　　　　　　D. 6～12 次/min

19. 张力性气胸在危急状况下可用一粗针头在患侧第几肋间锁骨中线处刺入胸膜腔。（　　　）

A. 2　　　　　　　　B. 3　　　　　　　　C. 4　　　　　　　　D. 5

填空题

1. 成人心肺复苏时胸外按压实施者交换按压操作的时间间隔为_____。

2. 为心跳、呼吸停止伤病者争取心肺复苏的黄金时间为_____。

3. 吸入高浓度可直接影响_____通透性而引起肺水肿。

4. 低浓度的氨对眼和潮湿的皮肤能迅速产生_____。潮湿的皮肤或眼睛接触高浓度的氨气能引起严重的_____。

5. 应立即将患者转移出污染区，对患者进行复苏三步法：_____、
_____、_____。

6. 当人员发生烧伤时，应迅速_____，不要随意把水疱弄破，患者口渴时，可适量饮水或含盐饮料。

7. 经皮肤吸收中毒患者，立即_____，用大量清水或解毒液彻底冲洗皮肤，要特别注意冲洗头发及皮肤皱褶处。

8. 经口中毒的患者及时催吐、洗胃、导泻，但强酸、强碱等腐蚀性毒物口服后不宜催吐、洗胃，可服_____以保护胃黏膜。

9. 对血液系统有害的化学物：_____。

10. 氢氟酸灼伤的自救互救：立即用大量流动的清水彻底冲洗皮肤，时间_____ min 以上。

简答题

1. 如果在实验室内吸入了有毒气体，应该怎么做？

2. 实验过程中，由于使用酒精灯，导致了烫伤应该如何处理？如果是实验失误，导致了硫酸飞溅到皮肤上，又该如何处理？

3. 假设你正在做实验，突然听到一声巨响，发现是同层楼的一间实验室发生了爆炸，这时候你该如何处理？

4. 结合实事，谈谈你对化学实验室爆炸的认识以及你了解的实验室爆炸的急救知识。

5. 实验室中不小心被灼伤应该怎么做？

答案：

选择题

1～5 ADABD   6～10 DBBDC   11～15 CBADC   16～19 AACA

填空题

1. 2min

2. 4min 以内

3. 肺毛细血管

4. 刺激作用、化学烧伤

5. 胸外按压、打开气道、人工呼吸

6. 将患者衣服脱去，用流动清水冲洗降温，用清洁布覆盖创伤面，避免伤面污染

7. 脱去被污染的衣服

8. 牛奶或蛋清

9. 苯、二甲苯及苯胺

10. 30～60

简答题

1. 如果吸入了有毒气体，首先要迅速离开中毒环境，然后吸入新鲜的空气或者氧气。一般如果是轻度的中毒，仅仅是有轻微的头晕、咳嗽、咽喉部不舒服，离开了中毒环境，症状很快就会缓解。

2. 被酒精灯烫伤时，应该使用打湿的毛巾，小心地敷在烧伤部位，并不停更换毛巾。浓硫酸溅到皮肤上，建议先用干布或者干纸迅速地将局部的浓硫酸吸干，然后要用大量清水充分冲洗局部，冲洗完之后可以涂擦碱性的物质，比如小苏打溶液或者涂擦牙膏等，还要密切观察局部灼伤的程度和范围。

3. 略。

4. 略。

5. 略。

附 录

基于GHS的化学品标签规范
（GB/T 22234—2008）

1 范围

本标准规定了依据化学物质的 GHS 危害性类别及其级别的标签要素（符号、警示语、危害性说明等）。

本标准适用于基于 GHS 的化学品标签规范。

2 规范性引用文件

下列文件中的条款，通过本标准的引用而成为本标准的条款。凡是注日期的引用文件，其随后所有的修改单（不包括勘误的内容）或修订版均不适用于本标准，然而，鼓励根据本标准达成协议的各方研究是否可使用这些文件的最新版本。凡是不注日期的引用文件，其最新版本适用于本标准。

JIS Z 7250 化学物质等安全数据（MSDS） 第 1 部：内容及项目的顺序

3 术语及定义

下列术语及定义适用于本标准。

3.1

危害性 hazard

危害的潜在性根源。

3.2

物质 substance

自然存在或通过合成等而得到的化学元素及其化合物。

3.3

混合物 mixture

由 2 种或 2 种以上的化学物质构成的混合状态的物料（包括溶液）。

3.4

化学物质等 chemicals

化学物质或混合物。

注："化学物质等"可以理解为"化学品"或者是"产品"的同义语。

3.5

成分 ingredient

构成化学物质等的要素。

3.6

合金 alloy

用物理的手段不容易分离，由 2 个以上的元素结合在一起，看上去是均质的金属体。

注：合金在 CHS 的分类中，被看作是混合物。

3.7

GHS   Globally Harmonized System of Classification and Labelling of Chemicals

关于化学品的分类及其标签的国际协调组织。

3.8

GHS 分类 GHS classification

按照基于 GHS 的化学物质及其混合物的物理化学危险性、健康有害性、环境有害性而加以调整后的判定标准的分类。

3.9

危害性类别 hazard class

分成如易燃性固体类的物理化学危险性，致癌性物质，经口剧毒这样的健康有害性，以及对水生环境有害的环境有害性。

3.10

危害性级别 hazard category

根据各种危害性类别内的判断基准的分级。例如：经口急性毒性分为五个级别，易燃性液体分成四个危险级别。这些分级是在危害性类别内，根据危害性的程度而加以相对性地划分，不应当看作是一般危害性分级的比较。

3.11

标签 label

标签是有关危险有害产品的书面、印刷或者图形构成的主要信息的归纳，对目的部门选择相关内容，直接在危害性物质的容器上或者在其外包装上，贴上、印上或者添附的东西。

3.12

标签要素 label element

标签上为使用者提供国际上公认的信息。例如：符号、警示语、危害性说明及注意事项。

3.13

符号 symbol

为了简明清楚地传达信息而创造的图像要素。例如：火焰、骷髅等。

3.14

象形图 pictogram

由为传递特定信息的符号、边框线、背景图案和颜色等要素构成。

3.15

物料安全数据表 material safety data sheet；MSDS

就危害性化学物质和混合物，写明其成分、产品名、供货商、危害性、安全上的预防措施、发生意外时的应对措施等内容的文字材料。

　　注：物料安全数据表（MSDS）在 GHS 中被称为 Safety Data Sheet(SDS)。

3.16

《联合国关于危险货物运输的建议书·规章范本》recommendations on the transport of dangerous goods，model regulations

　　经国际联合经济理事会认可，以联合国关于危险货物运输建议书附件"关于运输危险货物的规章范本"为题，正式出版的文字材料。

4　一般事项

一个标签上记载关于一种化学物质等的资料。

　　注：对象如果是混合物，不是每种成分的标签，可以就混合物而做成一个标签。

5　标签上的必要信息和内容的表示顺序

5.1　标签上的必要信息

标签上的必要信息如下：

a）表示危害性的象形图；

b）警示语；

c）危害性说明；

d）注意事项；

e）产品名称；

f）生产商/供货商。

5.2　标签内容的表示顺序

根据 GHS 的分类结果相对于某危害性类别和等级时，使用分别对应的象形图、警示语、危害性说明做成标签。各种对应如附录 A 所示。

a）表示危害性的象形图

GHS 中使用的标准象形图如表 1～表 3 所示。标签上的象形图不能与 GHS 中使用的标准象形图有显著差异。

表 1

名称（符号）	火焰	圆圈上的火焰	炸弹爆炸
象形图			
使用这种图形表示的危害性类别	可燃性气体、易燃性 易燃性压力下气体 易燃液体 易燃固体 自反应化学品 自燃液体和固体 自热化学品 遇水放出可燃性气体化学品 有机过氧化物	助燃性、氧化性气体类、氧化性液体、固体	火药类 自反应性化学品 有机过氧化物

表 2

名称（符号）	腐蚀性	气体罐	骷髅
象形图			
使用这种图形表示的危害性类别	金属腐蚀物 皮肤腐蚀/刺激 对眼有严重的损伤、刺激性	压力下气体	急性毒性/剧毒

表 3

名称（符号）	感叹号	环境	健康有害性
象形图			
使用这种图形表示的危害性类别	急性毒性/剧毒 皮肤腐蚀性、刺激性 严重眼睛损伤/眼睛刺激性 引起皮肤过敏 对靶器官、全身有毒害性	对水生环境有害性	引起呼吸器官过敏 引起生殖细胞突变 致癌性 对生殖毒性 对靶器官、全身有毒害性 对吸入性呼吸器官有害

b）产品的名称

产品的名称如下：

1）产品的名称或一般名称记载到标签上。该名称和 MSDS 的产品特定名称应一致。该物质或混合物如果符合联合国运输危险货物的标准手册，应在包装上同时标出联合国产品名称。

MSDS 项目、记载内容以及全部构成可根据 JIS Z 7250。

2）标签上应包含化学物质的名称。

3）混合物或者是合金的标签上，如果表示有急性毒性（剧毒）、皮肤腐蚀性、对眼有严重的损伤性、引起生殖细胞突变、致癌性、生殖毒害性、可引起皮肤过敏、可引起呼吸器官过敏或者对特定靶器官、全身有毒害性（TOST）等危害性时，与这些有关的所有成分或者合金元素的化学名称应在标签上表示出来。

与皮肤刺激性、眼刺激性有关的所有成分或者合金元素，也可以记载到标签上。

c）生产厂商名

必须将物质或混合物的制造厂家或者供应商的名称在标签上表示出来。同时应标出其地址和电话号码。可能的话，紧急情况下的联系方也应记载在标签上。

5.3 关于多种危害性及危害性信息的表示顺序

表示化学物质等有几种危害性时，按下述处理。

a）关于象形图的先后顺序

就健康有害性而言，通常可采用以下的先后顺序：

1）可以使用"骷髅"的，最好不用"感叹号"。

2）可以使用"腐蚀性"的，最好不用表示对皮肤、眼有刺激性的"感叹号"。

3）使用表示呼吸器官致敏的"健康有害性"时，最好不用表示对皮肤有致敏作用或皮肤、眼有刺激性的"感叹号"。

b）关于警示语的先后顺序

可以用"危险"的时候，最好不用警示语"警告"。

c）关于危害性信息的先后顺序

希望把对应的所有危害性信息都记入标签中。

6 本标准未包含的信息或补充信息的使用

a）虽然在本标准中没有包含，但作为注意事项等有应该包含在标签中的其他内容时，可以主动地加入补充信息。但是，为了防止因增加没有必要的信息而引起本标准中所表示的标签要素受到忽视，希望补充信息的使用仅限于以下两个方面：

1）提供详细的信息，但与本标准所表示的危害性的有关信息的妥当性之间没有矛盾、不至于产生疑问。

2）提供有关 GHS 中还没有被列入的危害性的信息。不管哪种情况，补充信息不得降低对健康和环境的保护水平。

b）关于物理状态、接触途径等危害性的补充信息，并不是在标签补充信息部分表示，而是希望和危害性信息一起表示。

附录 A （规范性附录）
危害性分类（危害性类别及其分级）及标签要素

与 GHS 的各种危害性类别及其分级相对应的标签要素（象形图、警示语、危害性信息）如下。

A.1 物理化学危险性

A.1.1 炸药类见表 A.1。

表 A.1

危害性	危害性公示要素	
不稳定爆炸物	象形图	

危害性	危害性公示要素	
不稳定爆炸物	警示语	危险
	危害性说明	不稳定爆炸物
1.1 项	象形图	
	警示语	危险
	危害性说明	爆炸物:整体爆炸危险性
1.2 项	象形图	
	警示语	危险
	危害性说明	爆炸物:激烈迸射危险性
1.3 项	象形图	
	警示语	危险
	危害性说明	爆炸物:火灾、爆震、迸射危险性
1.4 项	象形图	
	警示语	危险
	危害性说明	火灾、迸射危险性
1.5 项	象形图	1.5(背景为橙色)
	警示语	危险
	危害性说明	遇火时可能发生大量爆炸

危害性	危害性公示要素	
1.6 项	象形图	1.6（背景为橙色）
	警示语	无警示语
	危害性说明	无危害性说明

A.1.2　可燃、易燃性气体见表 A.2。

表 A.2

危害性级别	危害性公示要素	
1	象形图	
	警示语	危险
	危害性说明	极易燃烧的气体
2	象形图	无象形图
	警示语	警告
	危害性说明	可燃、易燃气体

A.1.3　可燃、易燃性压缩气体见表 A.3。

表 A.3

危害性级别	危害性公示要素	
1	象形图	
	警示语	危险
	危害性说明	易燃性极高的压力下气体
2	象形图	
	警示语	警告
	危害性说明	可燃、易燃压力下气体

A.1.4 助燃性、氧化气体见表 A.4。

表 A.4

危害性级别	危害性公示要素	
	象形图	
	警示语	危险
	危害性说明	可能导致或加剧燃烧;氧化剂

A.1.5 压力下气体见表 A.5。

表 A.5

危害性级别	危害性公示要素	
压缩气体	象形图	
	警示语	警告
	危害性说明	压力下气体:加热可能爆炸
液化气体	象形图	
	警示语	警告
	危害性说明	压力下气体:加热可能爆炸
冷冻液化气体	象形图	
	警示语	无
	危害性说明	冷冻液化气体:可能造成 低温灼伤损伤

危害性级别	危害性公示要素	
溶解气体	象形图	
	警示语	警告
	危害性说明	压力下气体:加热可能爆炸

A.1.6　易燃性液体见表 A.6。

表 A.6

危害性级别	危害性公示要素	
1	象形图	
	警示语	危险
	危害性说明	易燃性极高的液体及蒸汽
2	象形图	
	警示语	危险
	危害性说明	易燃性极高的液体及蒸汽
3	象形图	
	警示语	警告
	危害性说明	易燃液体及蒸汽
4	象形图	无象形图
	警示语	警告
	危害性说明	可燃性气体

A.1.7 可燃性固体见表 A.7。

表 A.7

危害性级别	危害性公示要素	
1	象形图	
	警示语	危险
	危害性说明	易燃固体
2	象形图	
	警示语	警告
	危害性说明	易燃固体

A.1.8 自反应化学品见表 A.8。

表 A.8

危害性级别	危害性公示要素	
A 型	象形图	
	警示语	危险
	危害性说明	加热可能引起爆炸
B 型	象形图	
	警示语	危险
	危害性说明	加热可能引发火灾或爆炸

危害性级别	危害性公示要素	
C 型和 D 型	象形图	
	警示语	危险
	危害性说明	加热可能引发火灾
E 型和 F 型	象形图	
	警示语	警告
	危害性说明	加热可能引发火灾
G 型	象形图	这一级别没有标签要素
	警示语	
	危害性说明	

A.1.9　自燃液体见表 A.9。

表 A.9

危害性级别	危害性公示要素	
1	象形图	
	警示语	危险
	危害性说明	遇到空气会发生自燃

A.1.10　自燃固体见表 A.10。

表 A.10

危害性级别	危害性公示要素	
1	象形图	

危害性级别	危害性公示要素	
1	警示语	危险
	危害性说明	遇到空气会发生自燃

A.1.11　自热化学品见表 A.11。

表 A.11

危害性级别	危害性公示要素	
1	象形图	
	警示语	危险
	危害性说明	自热,可能引起火灾
2	象形图	
	警示语	警告
	危害性说明	大量时,自热,可能引起火灾

A.1.12　遇水放出可燃性气体化学品见表 A.12。

表 A.12

危害性级别	危害性公示要素	
1	象形图	
	警示语	危险
	危害性说明	接触到水后,会产生可能引起自燃的可燃性、易燃性气体
2	象形图	

危害性级别	危害性公示要素	
2	警示语	危险
	危害性说明	接触到水后,产生可燃性、易燃性气体
3	象形图	
	警示语	警告
	危害性说明	接触到水后,产生可燃性、易燃性气体

A.1.13　氧化性液体见表 A.13。

表 A.13

危害性级别	危害性公示要素	
1	象形图	
	警示语	危险
	危害性说明	可能会引起燃烧或发生爆炸:强氧化物
2	象形图	
	警示语	危险
	危害性说明	可能加剧燃烧:氧化物
3	象形图	
	警示语	警告
	危害性说明	可能加剧燃烧:氧化物

A.1.14　氧化性固体见表 A.14。

表 A. 14

危害性级别	危害性公示要素	
1	象形图	
	警示语	危险
	危害性说明	可能会引起燃烧或发生爆炸:强氧化物
2	象形图	
	警示语	危险
	危害性说明	可能加剧燃烧:氧化物
3	象形图	
	警示语	警告
	危害性说明	可能加剧燃烧:氧化物

A.1.15　有机过氧化物见表 A.15。

表 A. 15

危害性	危害性公示要素	
A 型	象形图	
	警示语	危险
	危害性说明	遇热后有爆炸的可能

危害性	危害性公示要素	
B 型	象形图	
	警示语	危险
	危害性说明	遇热后有燃烧及爆炸的可能
C 型和 D 型	象形图	
	警示语	危险
	危害性说明	预热后有可能燃烧
E 型和 F 型	象形图	
	警示语	警告
	危害性说明	预热后有可能燃烧
G 型	象形图	这一级别没有标签要素
	警示语	
	危害性说明	

A.1.16 金属腐蚀物见表 A.16。

表 A.16

危害性级别	危害性公示要素	
1	象形图	
	警示语	警告
	危害性说明	可能腐蚀金属

A.2 对人体健康有害物

A.2.1 急性毒性见表 A.17。

表 A.17

危害性级别	危害性公示要素	
1	象形图	
	警示语	危险
	危害性说明	吞咽致命(口服) 接触皮肤致命(皮肤) 吸入致命(气体、蒸气、粉尘、烟雾)
2	象形图	
	警示语	危险
	危害性说明	吞咽致命(口服) 接触皮肤致命(皮肤) 吸入致命(气体、蒸气、粉尘、烟雾)
3	象形图	
	警示语	危险
	危害性说明	吞咽会中毒(口服) 接触皮肤会中毒(皮肤) 吸入会中毒(气体、蒸气、粉尘、烟雾)
4	象形图	
	警示语	警告
	危害性说明	吞咽有害(口服) 接触皮肤有害(皮肤) 吸入有害(气体、蒸气、粉尘、烟雾)

危害性级别	危害性公示要素	
5	象形图	无象形图
	警示语	警告
	危害性说明	吞咽可能有害(口服) 接触皮肤可能有害(皮肤) 吸入可能有害(气体、蒸气、粉尘、烟雾)

A.2.2　对皮肤的腐蚀、刺激见表 A.18。

表 A.18

危害性级别	危害性公示要素	
1 (包括 A、B、C)	象形图	
	警示语	危险
	危害性说明	严重灼伤皮肤、损伤眼睛
2	象形图	
	警示语	警告
	危害性说明	对皮肤有刺激
3	象形图	无象形图
	警示语	警告
	危害性说明	对皮肤有轻度的刺激

A.2.3　对眼有严重的损伤、刺激见表 A.19。

表 A.19

危害性级别	危害性公示要素	
1	象形图	
	警示语	危险
	危害性说明	造成眼的严重损伤

危害性级别	危害性公示要素	
2A	象形图	
	警示语	警告
	危害性说明	对眼有强烈的刺激
2B	符号	无
	警示语	警告
	危害性说明	刺激眼

A.2.4 呼吸过敏、皮肤过敏

A.2.4.1 呼吸过敏性见表A.20。

表 A.20

危害性级别	危害性公示要素	
1	象形图	
	警示语	危险
	危害性说明	吸入后可能引起过敏、哮喘、呼吸困难

A.2.4.2 皮肤过敏性见表A.21。

表 A.21

危害性级别	危害性公示要素	
1	象形图	
	警示语	警告
	危害性说明	可能引起皮肤过敏

附录 基于GHS的化学品标签规范（GB/T 22234—2008） 189

A.2.5 生殖细胞突变性见表 A.22。

表 A. 22

危害性级别	危害性公示要素	
1 (1A 和 1B)	象形图	
	警示语	危险
	危害性说明	可能导致遗传性疾病(如果很确定地证明没有其他接触途径会产生这一危险,那么应说明会产生这一危害的接触途径)
2	象形图	
	警示语	警告
	危害性说明	怀疑有可能导致遗传性疾病(如果很确定地证明没有其他接触途径会产生这一危险,那么应说明会产生这一危害的接触途径)

A.2.6 致癌性见表 A.23。

表 A. 23

危害性级别	危害性公示要素	
1 (1A 和 1B)	象形图	
	警示语	危险
	危害性说明	可能致癌(如果很确定地证明没有其他接触途径会产生这一危险,那么应说明会产生这一危害的接触途径)

危害性级别	危害性公示要素	
2	象形图	
	警示语	警告
	危害性说明	怀疑有可能致癌(如果很确定地证明没有其他接触途径会产生这一危险,那么应说明会产生这一危害的接触途径)

参 考 文 献

[1] 胡洪超，蒋旭红，舒绪刚，等．实验室安全教程．北京：化学工业出版社，2019.

[2] 姜文凤，刘志广，等．化学实验室安全基础．北京：高等教育出版社，2019.

[3] 北京大学化学与分子工程学院实验室安全技术教学组．化学实验室安全知识教程．北京：北京大学出版社，2012.

[4] 李志刚，王桂梅，张一帆，等．实验室安全技术．北京：化学工业出版社，2022.

[5] 李新实，等．实验室安全风险控制与管理．北京：化学工业出版社，2022.

[6] 蔡乐，曹秋娥，罗茂斌，等．高等学校化学实验室安全基础．北京：化学工业出版社，2018.

[7] 陈卫华，等．实验室安全风险控制与管理．北京：化学工业出版社，2017.

[8] 鲁登福，朱启军，龚跃法，等．化学实验室安全与操作规范．武汉：华中科技大学出版社，2021.

[9] 孙建之，王敦青，杨敏，等．化学实验室安全基础．北京：化学工业出版社，2021.

[10] 南京大学国家级化学实验教学示范中心．高校实验室常用危险化学品安全信息手册（MSDS）．北京：高等教育出版社，2020.

[11] 马丽萍，曾向东，黄小凤，邓春玲，等．实验室废物处理处置与管理．北京：化学工业出版社，2020.

[12] 刘晓芳，郭俊明，刘满红，等．化学实验室安全与管理．北京：科学出版社，2022.

[13] 夏玉宇，朱燕，李洁，等．化学实验室手册．第3版．北京：化学工业出版社，2015.

[14] 顾小焱，等．化学实验室安全管理．北京：科学技术文献出版社，2017.

[15] 黄开胜，等．清华大学实验室安全手册．北京：清华大学出版社，2022.

[16] 郭玉鹏，屈学俭，李政，等．高校实验室常用危化品安全信息手册．北京：化学工业出版社，2020.

[17] 吕明泉，等．化学实验室安全操作指南．北京：北京大学出版社，2020.

[18] 秦静，等．危险化学品和化学实验室安全教育读本．北京：化学工业出版社，2018.

[19] 邵国成，张春艳，等．实验室安全技术．北京：化学工业出版社，2016.

[20] 乔亏，汪家军，付荣，等．高校化学实验室安全教育手册．青岛：中国海洋大学出版社，2020.

[21] 漆小鹏，肖宗梁，叶洁云，等．材料学科实验室安全教程．北京：化学工业出版社，2022.